リピート＆チャージ物理基礎ドリル

仕事とエネルギー／熱

本書の特徴と使い方

本書は，物理基礎の基本となる内容をつまずくことなく学習できるようにまとめた書き込み式のドリル教材です。

▶1項目につき1見開きでまとまっており，計画的に学習を進めることができます。

▶『例題』→『穴埋め問題』→『類題』で構成しており，各項目について段階的にくり返し学習し，内容の定着をはかります。

▶すべてのページの下端には，学習内容の理解を助けるためのアドバイスをのせております。

物理量の文字式と単位の確認

考え方のポイント

計算や作図をする際の注意点

JN126908

目次

1 仕事

例題 1 仕事

物体に 2.0 N の力を加えて，力の向きに 3.0 m 動かした。力のした仕事は何 J か。

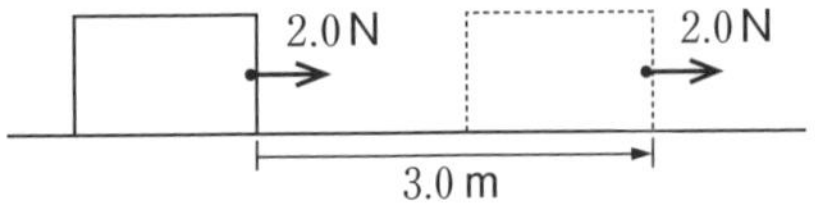

解法 物体に大きさ F〔N〕の力を加えて，その力の向きに x〔m〕動かしたとき，その力のした仕事 W〔J〕は

$$W=Fx$$

となる。$F=2.0$ N，$x=3.0$ m より

$W=Fx$

$=2.0\ \mathrm{N}\times 3.0\ \mathrm{m}$

$=6.0\ \mathrm{J}$

答 6.0 J

1 物体に 3.0 N の力を加えて，力の向きに 3.0 m 動かした。力のした仕事は何 J か。（　）内には数値を，〔　〕内には単位を入れよ。

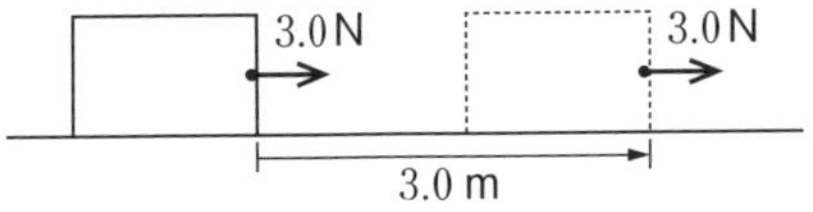

$F=$（ア　　）〔イ　　〕

$x=$（ウ　　）〔エ　　〕より

$W=Fx$

$=$（オ　　）N×（カ　　）m

$=9.0$ J

2 次のとき，力のした仕事は何 J か。

(1) 物体に 4.0 N の力を加えて，力の向きに 0.50 m 動かしたとき。

(2) 物体に 6.0 N の力を加えて，力の向きに 2.0 m 動かしたとき。

例題 2 移動の方向と力の方向が異なる場合の仕事

物体に水平方向から 45° の向きに 2.0 N の力を加えて，水平方向に 3.0 m 動かした。力のした仕事は何 J か。$\sqrt{2}=1.4$ とする。

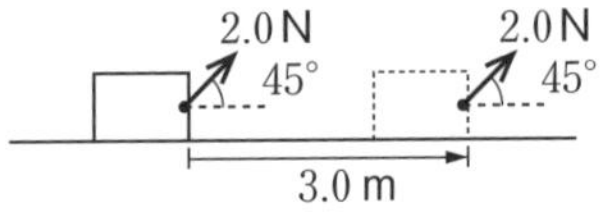

解法 力の移動方向の成分が F_x〔N〕のとき，力のした仕事 W〔J〕は

$$W=F_x x$$

となる。右図より，力の大きさと移動方向の分力の大きさの比は $\sqrt{2}:1$ であるので

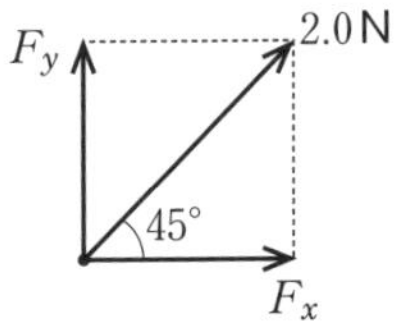

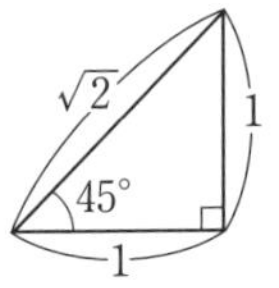

$W=F_x x$

$=2.0\ \mathrm{N}\times\dfrac{1}{\sqrt{2}}\times 3.0\ \mathrm{m}$

$=2.0\ \mathrm{N}\times\dfrac{\sqrt{2}}{2}\times 3.0\ \mathrm{m}$

$=2.0\ \mathrm{N}\times\dfrac{1.4}{2}\times 3.0\ \mathrm{m}$

$=4.2\ \mathrm{J}$

答 4.2 J

3（　）内には数値を，〔　〕内には単位を入れよ。

(1) 物体に水平方向から 60° の向きに 3.0 N の力を加えて，水平方向に 3.0 m 動かした。力のした仕事は何 J か。

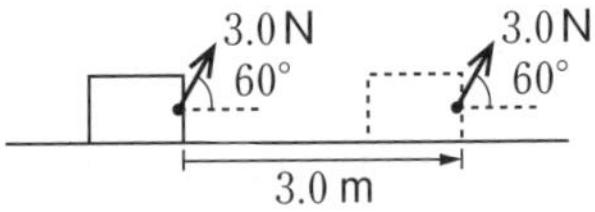

$F=$（ア　　）〔イ　　〕

$F:F_x=$（ウ　　）:（エ　　）

$x=$（オ　　）〔カ　　〕より

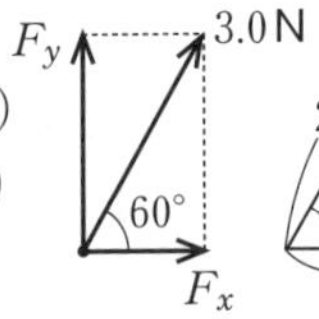

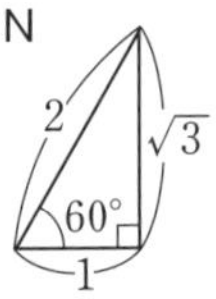

$W=F_x x$

$=$（キ　　）N×$\left(ク\quad\right)$×（ケ　　）m

$=4.5$ J

(2) 物体が水平面から 2.0 N の垂直抗力を受けながら，水平方向に 3.0 m 移動した。垂直抗力のした仕事は何 J か。

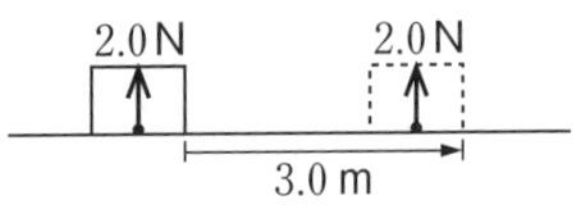

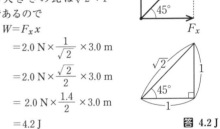

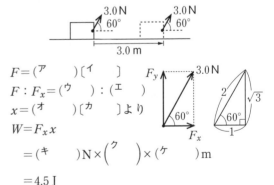

F_x＝(コ　　)〔 サ　　〕
x＝(シ　　)〔 ス　　〕より
$W=F_x x$
　＝(セ　　)N×(ソ　　)m
　＝0 J

4 次の問いに答えよ。

(1) 物体に水平方向から 30° の向きに 2.0 N の力を加えて，水平方向に 1.0 m 動かした。力のした仕事は何 J か。$\sqrt{3}$＝1.7 とする。

(2) 物体に水平方向から 45° の向きに 4.0 N の力を加えて，水平方向に 0.50 m 動かした。力のした仕事は何 J か。$\sqrt{2}$＝1.4 とする。

(3) 物体が水平面から 3.0 N の垂直抗力を受けながら，水平方向に 5.0 m 移動した。垂直抗力のした仕事は何 J か。

例題 3 移動の向きと逆向きに力がはたらく場合の仕事

質量 0.50 kg のおもりを 3.0 m 引き上げたとき，重力のした仕事は何 J か。重力加速度の大きさを 9.8 m/s² とする。

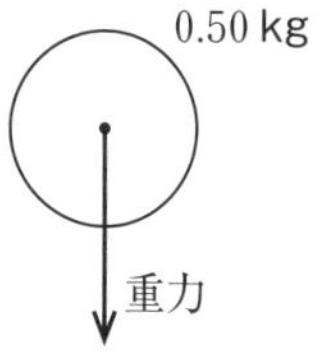

解法 移動の向きと逆向きに力がはたらくとき，力のした仕事 W〔J〕は，
　$W=-Fx$
となる。
m＝0.50 kg，g＝9.8 m/s²，x＝3.0 m より
　$W=-Fx$
　　$=-mgx$
　　＝−0.50 kg×9.8 m/s²×3.0 m
　　＝−14.7 J≒−15 J

答 −15 J

5 質量 2.0 kg のおもりを 1.0 m 引き上げたとき，重力のした仕事は何 J か。重力加速度の大きさを 9.8 m/s² として，(　　)内には数値を，〔　　〕内には単位を入れよ。

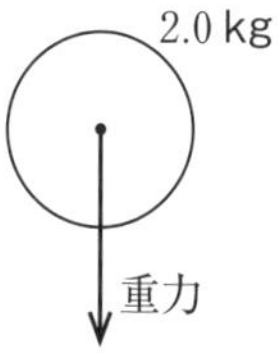

m＝(ア　　)〔 イ　　〕
g＝(ウ　　)〔 エ　　〕
x＝(オ　　)〔 カ　　〕より
$W=-Fx$
　$=-mgx$
　＝−(キ　　)kg×(ク　　)m/s²
　　　　×(ケ　　)m
　＝−19.6 J≒−20 J

6 質量 0.50 kg のおもりを 2.0 m 引き上げたとき，重力のした仕事は何 J か。重力加速度の大きさを 9.8 m/s² とする。

垂直抗力のする仕事は 0 J である。

2 仕事の原理・仕事率

例題 1 仕事の原理

質量 2.0 kg の物体を，1.0 m の高さまでゆっくり持ち上げる。重力加速度の大きさを 9.8 m/s^2 として，次の問いに答えよ。

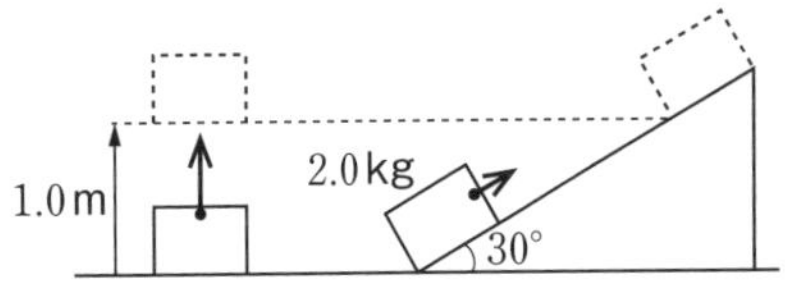

(1) 鉛直上向きに力を加えて，直接持ち上げるとき，力のした仕事は何 J か。
(2) 水平と 30° をなすなめらかな斜面を使って持ち上げるとき，斜面に沿って物体に加える力の大きさは何 N か。
(3) 斜面を使って持ち上げるとき，物体を動かす距離は何 m か，仕事の原理から求めよ。

解法 (1) 物体に働く重力と等しい大きさの力を加える必要がある。
m＝2.0 kg，g＝9.8 m/s^2，x＝1.0 m より
$W=Fx$
$=mgx$
＝2.0 kg×9.8 m/s^2×1.0 m
＝19.6 J≒20 J　　**答 20 J**

(2) 物体に働く重力の斜面方向の分力と等しい大きさの力を加える必要がある。
m＝2.0 kg，g＝9.8 m/s^2，θ＝30° より
$F=mg\sin\theta$
＝2.0 kg×9.8 m/s^2×sin 30°
＝19.6 N×$\frac{1}{2}$＝9.8 N　　**答 9.8 N**

(3) 仕事の原理より，斜面などの道具を使っても仕事の量は変わらない。
W＝19.6 J，F＝9.8 N より
$W=Fx$
19.6 J＝9.8 N×x
x＝2.0 m　　**答 2.0 m**

1 質量 2.0 kg の物体を，3.0 m の高さまでゆっくり持ち上げる。重力加速度の大きさを 9.8 m/s^2 として，(　　)内には数値を，〔　　〕内には単位を入れよ。

(1) 鉛直上向きに力を加えて，直接持ち上げるとき，力のした仕事は何 J か。
m＝(ア　　)〔イ　　〕
g＝(ウ　　)〔エ　　〕
x＝(オ　　)〔カ　　〕より
$W=Fx$
$=mgx$
＝(キ　　)kg×(ク　　)m/s^2×(ケ　　)m
＝58.8 J≒59 J

(2) 水平と 30° をなすなめらかな斜面を使って持ち上げるとき，斜面に沿って物体に加える力の大きさは何 N か。
m＝(コ　　)〔サ　　〕
g＝(シ　　)〔ス　　〕
θ＝(セ　　)° より
$F=mg\sin\theta$
＝(ソ　　)kg×(タ　　)m/s^2×sin(チ　　)°
＝19.6 N×$\frac{1}{2}$＝9.8 N

(3) 斜面を使って持ち上げるとき，物体を動かす距離は何 m か，仕事の原理から求めよ。
W＝(ツ　　)〔テ　　〕
F＝(ト　　)〔ナ　　〕より
$W=Fx$
(ニ　　)J＝(ヌ　　)N×x
x＝6.0 m

2 質量 2.0 kg の物体を，2.0 m の高さまでゆっくり持ち上げる。重力加速度の大きさを 9.8 m/s^2 として，次の問いに答えよ。

(1) 鉛直上向きに力を加えて，直接持ち上げるとき，力のした仕事は何 J か。

(2) 水平と 30° をなすなめらかな斜面を使って持ち上げるとき，斜面に沿って物体に加える力の大きさは何 N か。

(3) 斜面を使って持ち上げるとき，物体を動かす距離は何 m か，仕事の原理から求めよ。

例題 2 仕事率

(1) 60 J の仕事をするのに 12 秒かかったときの仕事率は何 W か。

(2) 2.0 W の仕事率で 15 秒間仕事をした。仕事は何 J か。

解法 (1) W〔J〕の仕事をするのに t〔s〕かかったときの仕事率 P〔W〕は

$$P=\frac{W}{t}$$

となる。$W=60$ J，$t=12$ s より

$$P=\frac{W}{t}$$

$$=\frac{60\ \text{J}}{12\ \text{s}}$$

$$=5.0\ \text{W}$$

答 5.0 W

(2) $P=2.0$ W，$t=15$ s より

$$P=\frac{W}{t}$$

$$2.0\ \text{W}=\frac{W}{15\ \text{s}}$$

$$W=2.0\ \text{W}\times 15\ \text{s}=30\ \text{J}$$

答 30 J

3 (　　)内には数値を，〔　　〕内には単位を入れよ。

(1) 40 J の仕事をするのに 4.0 秒かかったときの仕事率は何 W か。

$W=$(ア　　　)〔イ　　〕

$t=$(ウ　　　)〔エ　　〕より

$$P=\frac{W}{t}$$

$$=\frac{(\text{オ}\qquad)\ \text{J}}{(\text{カ}\qquad)\ \text{s}}$$

$$=10\ \text{W}$$

(2) 6.0 W の仕事率で 10 秒間仕事をした。仕事は何 J か。

$P=$(キ　　　)〔ク　　〕

$t=$(ケ　　　)〔コ　　〕より

$$P=\frac{W}{t}$$

$$(\text{サ}\qquad)\ \text{W}=\frac{W}{(\text{シ}\qquad)\ \text{s}}$$

$$W=60\ \text{J}$$

4 次の問いに答えよ。

(1) 40 J の仕事をするのに 8.0 秒かかったときの仕事率は何 W か。

(2) 6.0 W の仕事率で 5.0 秒間仕事をした。仕事は何 J か。

例題 3 仕事率と速度

物体に 3.0 N の力を加えて，力の向きに 2.0 m/s の一定の速さで動かした。この力の仕事率は何 W か。

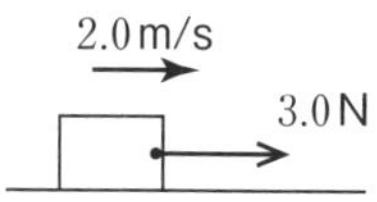

解法 物体に F〔N〕の力を加えて，力の向きに一定の速さ v〔m/s〕で動かすときの仕事率 P〔W〕は

$$P=Fv$$

となる。$F=3.0$ N，$v=2.0$ m/s より

$$P=Fv$$

$$=3.0\ \text{N}\times 2.0\ \text{m/s}$$

$$=6.0\ \text{W}$$

答 6.0 W

5 物体に 5.0 N の力を加えて，力の向きに 0.80 m/s の一定の速さで動かした。この力の仕事率は何 W か。(　　)内には数値を，〔　　〕内には単位を入れよ。

$F=$(ア　　　)〔イ　　〕

$v=$(ウ　　　)〔エ　　〕より

$P=Fv$

$=$(オ　　　)N×(カ　　　)m/s

$=4.0$ W

6 物体に 2.0 N の力を加えて，力の向きに 1.0 m/s の一定の速さで動かした。この力の仕事率は何 W か。

☑ P〔W〕：仕事率　W〔J〕：仕事　t〔s〕：時間

3 運動エネルギー

例題 1 運動エネルギー

(1) 速さ 2.0 m/s，質量 3.0 kg の物体のもつ運動エネルギーは何 J か。

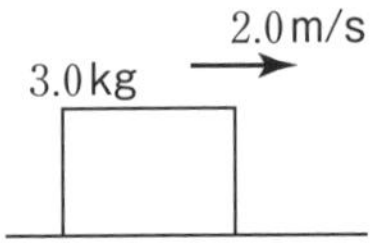

(2) (1)の物体の速さが 2 倍になると，運動エネルギーは何倍になるか。

解法 (1) 速さ v〔m/s〕で運動する質量 m〔kg〕の物体がもつ運動エネルギー K〔J〕は

$$K=\frac{1}{2}mv^2$$

となる。$m=3.0$ kg，$v=2.0$ m/s より

$$K=\frac{1}{2}mv^2$$
$$=\frac{1}{2}\times3.0\times2.0^2$$
$$=6.0\ \mathrm{J}$$

答 6.0 J

(2) 速さが 2 倍なので，$m=3.0$ kg，$v=4.0$ m/s より

$$K=\frac{1}{2}mv^2$$
$$=\frac{1}{2}\times3.0\times4.0^2$$
$$=24\ \mathrm{J}$$

よって，(1)の 4 倍である。 **答 4 倍**

1 (　　)内には数値を，〔　　〕内には単位を入れよ。

(1) 速さ 1.0 m/s，質量 2.0 kg の物体のもつ運動エネルギーは何 J か。

$m=$ (ア　　)〔イ　　〕

$v=$ (ウ　　)〔エ　　〕より

$$K=\frac{1}{2}mv^2$$

$=\frac{1}{2}\times$ (オ　　) $\times$ (カ　　)^2

$=1.0$ J

(2) (1)の物体の速さが 3 倍になると，運動エネルギーは何倍になるか。

$m=$ (キ　　)〔ク　　〕

$v=$ (ケ　　)〔コ　　〕より

$$K=\frac{1}{2}mv^2$$

$=\frac{1}{2}\times$ (サ　　) $\times$ (シ　　)^2

$=9.0$ J

よって，(1)の 9 倍である。

2 次の問いに答えよ。

(1) 速さ 2.0 m/s，質量 5.0 kg の物体のもつ運動エネルギーは何 J か。

(2) (1)の物体の速さが 2 倍になると，運動エネルギーは何倍になるか。

例題 2 運動エネルギーと仕事①

質量 2.0 kg，速さ 1.0 m/s の物体が仕事をされ，速さが 2.0 m/s になった。物体がされた仕事は何 J か。

解法 質量 m〔kg〕，速さ v_0〔m/s〕の物体が，W〔J〕の仕事をされ，速さが v〔m/s〕になったとき，物体のもつ運動エネルギーは物体がされた仕事の分だけ変化する。

$$\frac{1}{2}mv^2-\frac{1}{2}mv_0{}^2=W$$

$m=2.0$ kg，$v_0=1.0$ m/s，$v=2.0$ m/s より

$$\frac{1}{2}mv^2-\frac{1}{2}mv_0{}^2=W$$
$$\frac{1}{2}\times2.0\times2.0^2-\frac{1}{2}\times2.0\times1.0^2=W$$
$$W=3.0\ \mathrm{J}$$

答 3.0 J

3 質量 1.0 kg，速さ 2.0 m/s の物体が仕事をされ，速さが 3.0 m/s になった。物体がされた仕事は何 J か。(　　)内には数値を，〔　　〕内には単位を入れよ。

$m=$ (ア　　)〔イ　　〕

$v_0=$ (ウ　　)〔エ　　〕

$v=$ (オ　　)〔カ　　〕より

$$\frac{1}{2}mv^2-\frac{1}{2}mv_0{}^2=W$$

$\frac{1}{2}\times$ (キ　　) $\times$ (ク　　)^2

$-\frac{1}{2}\times$ (ケ　　) $\times$ (コ　　)$^2=W$

$W=2.5$ J

☑ K〔J〕：運動エネルギー　m〔kg〕：質量　v〔m/s〕：速さ

4 次の問いに答えよ。

(1) 質量 4.0 kg，速さ 1.0 m/s の物体が仕事をされ，速さが 2.0 m/s になった。物体がされた仕事は何 J か。

(2) 質量 2.0 kg，速さ 2.0 m/s の物体が仕事をされ，速さが 3.0 m/s になった。物体がされた仕事は何 J か。

例題 3 運動エネルギーと仕事②

質量 2.0 kg の物体が，右向きに 5.0 m/s の速さで進んでいる。物体が 3.0 m 移動する間，右向きに 8.0 N の力を加え続けた。物体の速さは何 m/s になるか。

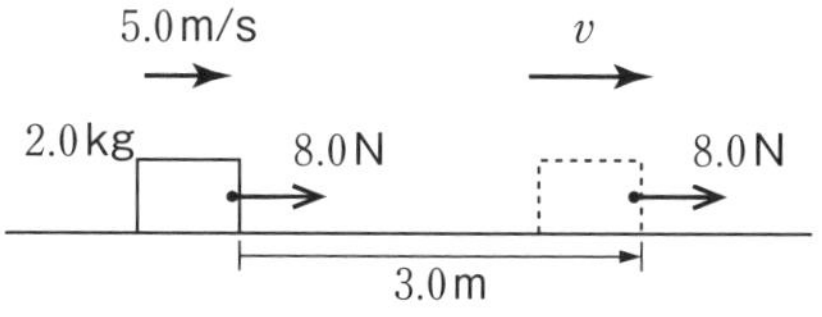

解法 物体がされた仕事 W〔J〕は $W=Fx$ なので，$m=2.0$ kg，$v_0=5.0$ m/s，$F=8.0$ N，$x=3.0$ m より

$$\frac{1}{2}mv^2-\frac{1}{2}mv_0{}^2=W$$

$$\frac{1}{2}mv^2-\frac{1}{2}mv_0{}^2=Fx$$

$$\frac{1}{2}\times 2.0\times v^2-\frac{1}{2}\times 2.0\times 5.0^2=8.0\times 3.0$$

$$v^2=49$$

よって，$v=7.0$ m/s

答 7.0 m/s

5 質量 2.0 kg の物体が，右向きに 2.0 m/s の速さで進んでいる。物体が 3.0 m 移動する間，右向きに 7.0 N の力を加え続けた。物体の速さは何 m/s になるか。(　　)内には数値を，〔　　〕内には単位を入れよ。

$m=$ (ア　　)〔イ　　〕

$v_0=$ (ウ　　)〔エ　　〕

$F=$ (オ　　)〔カ　　〕

$x=$ (キ　　)〔ク　　〕より

$$\frac{1}{2}mv^2-\frac{1}{2}mv_0{}^2=W$$

$$\frac{1}{2}mv^2-\frac{1}{2}mv_0{}^2=Fx$$

$\frac{1}{2}\times$ (ケ　　) $\times v^2-\frac{1}{2}\times$ (コ　　) $\times$ (サ　　)^2

　$=$ (シ　　) $\times$ (ス　　)

$v^2=25$

よって，$v=5.0$ m/s

6 次の問いに答えよ。

(1) 質量 2.0 kg の物体が，右向きに 2.0 m/s の速さで進んでいる。物体が 3.0 m 移動する間，右向きに 4.0 N の力を加え続けた。物体の速さは何 m/s になるか。

(2) 質量 1.0 kg の物体が，右向きに 2.0 m/s の速さで進んでいる。物体が 2.0 m 移動する間，右向きに 8.0 N の力を加え続けた。物体の速さは何 m/s になるか。

4 位置エネルギー

例題 1 重力による位置エネルギー

質量 2.0 kg の物体が，高さ 1.0 m の机の上にある。次のとき，物体のもつ重力による位置エネルギーは何 J か。

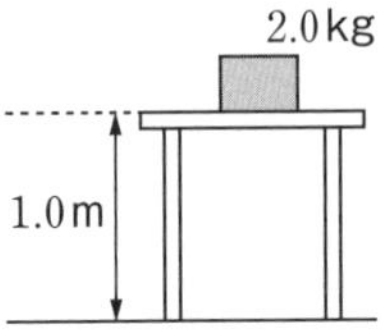

重力加速度の大きさを 9.8 m/s^2 とする。

(1) 基準面を床にとったとき。

(2) 基準面を机の高さにとったとき。

(3) 基準面を床から 2.0 m の高さにとったとき。

解法 質量 m〔kg〕の物体が高さ h〔m〕の位置にあるとき，重力加速度の大きさを g〔m/s^2〕とすると，重力による位置エネルギー U〔J〕は，

$$U=mgh$$

となる。

(1) m=2.0 kg，g=9.8 m/s^2，h=1.0 m より

$U=mgh$

=2.0 kg×9.8 m/s^2×1.0 m

=19.6 J≒20 J　　**答 20 J**

(2) m=2.0 kg，g=9.8 m/s^2，h=0 m より

$U=mgh$

=2.0 kg×9.8 m/s^2×0 m

=0 J　　**答 0 J**

(3) 物体が −1.0 m の高さにあると考える。

m=2.0 kg，g=9.8 m/s^2，h=−1.0 m より

$U=mgh$

=2.0 kg×9.8 m/s^2×(−1.0 m)

=−19.6 J≒−20 J　　**答 −20 J**

1 質量 0.50 kg の物体が，床から 3.0 m の高さにある。次のとき，物体のもつ重力による位置エネルギーは何 J か。重力加速度の大きさを 9.8 m/s^2 として，（　）内には数値を，〔　〕内には単位を入れよ。

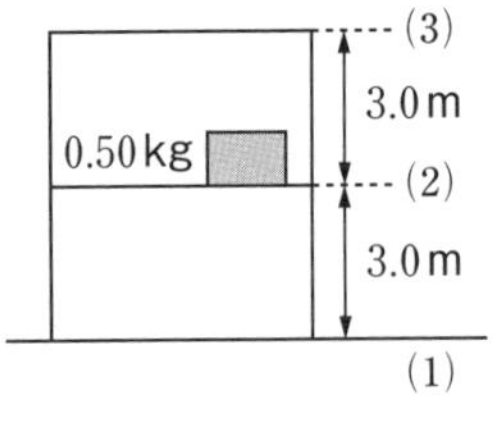

(1) 基準面を床にとったとき。

m=(ア　　)〔イ　　〕

g=(ウ　　)〔エ　　〕

h=(オ　　)〔カ　　〕より

$U=mgh$

=(キ　　)kg×(ク　　)m/s^2×(ケ　　)m

=14.7 J≒15 J

(2) 基準面を床から 3.0 m の高さにとったとき。

m=(コ　　)〔サ　　〕

g=(シ　　)〔ス　　〕

h=(セ　　)〔ソ　　〕より

$U=mgh$

=(タ　　)kg×(チ　　)m/s^2×(ツ　　)m

=0 J

(3) 基準面を床から 6.0 m の高さにとったとき。

m=(テ　　)〔ト　　〕

g=(ナ　　)〔ニ　　〕

h=(ヌ　　)〔ネ　　〕より

$U=mgh$

=(ノ　　)kg×(ハ　　)m/s^2×(ヒ　　)m

=−14.7 J≒−15 J

2 質量 1.0 kg の物体が，床から 0.50 m の高さにある。次のとき，物体のもつ重力による位置エネルギーは何 J か。

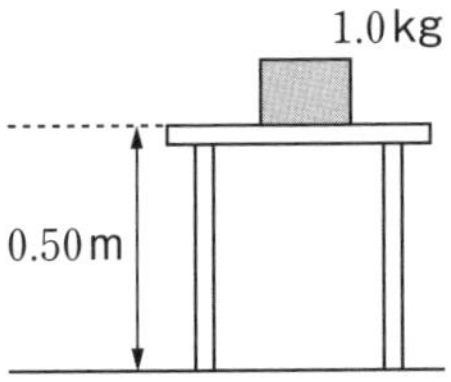

重力加速度の大きさを 9.8 m/s^2 とする。

(1) 基準面を床にとったとき。

(2) 基準面を床から0.50 mの高さにとったとき。

(3) 基準面を床から 1.0 m の高さにとったとき。

☑ U〔J〕：重力による位置エネルギー　m〔kg〕：質量　g〔m/s^2〕：重力加速度の大きさ　h〔m〕：基準面からの高さ

例題 2 弾性力による位置エネルギー

ばね定数が200 N/m のばねに物体をつなぎ，ばねを0.10 m伸ばしたとき，物体のもつ弾性力による位置エネルギーは何 J か。

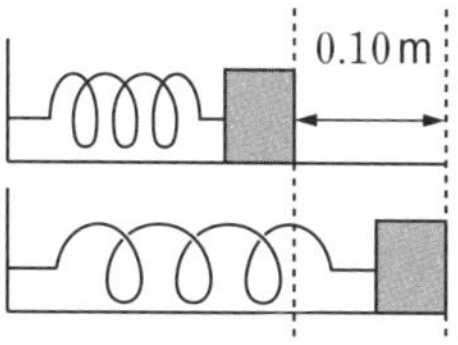

解法 ばね定数 k〔N/m〕，変形量 x〔m〕のばねにつながれた物体のもつ弾性力による位置エネルギー U〔J〕は

$$U=\frac{1}{2}kx^2$$

となる。$k=200$ N/m，$x=0.10$ m より

$$U=\frac{1}{2}kx^2$$
$$=\frac{1}{2}\times 200\ \text{N/m}\times(0.10\ \text{m})^2$$
$$=1.0\ \text{J}$$

答 **1.0 J**

3 ばね定数が 300 N/m のばねに物体をつなぎ，ばねを 0.20 m 伸ばしたとき，物体のもつ弾性力による位置エネルギーは何 J か。（　）内には数値を，〔　〕内には単位を入れよ。

$k=$（ア　　）〔イ　　〕

$x=$（ウ　　）〔エ　　〕より

$U=\frac{1}{2}kx^2$

$=\frac{1}{2}\times$（オ　　）N/m ×（（カ　　）m）^{2}

$=6.0$ J

4 次の問いに答えよ。

(1) ばね定数が 100 N/m のばねに物体をつなぎ，ばねを 0.10 m 伸ばしたとき，物体のもつ弾性力による位置エネルギーは何 J か。

＿＿＿＿＿＿

(2) ばね定数が 200 N/m のばねに物体をつなぎ，ばねを 0.20 m 伸ばしたとき，物体のもつ弾性力による位置エネルギーは何 J か。

＿＿＿＿＿＿

例題 3 弾性力による位置エネルギーと仕事

ばね定数が 50 N/m のばねに物体がつながれている。ばねが自然長の状態で物体に 0.25 J の仕事をすると，物体の変位は何 m になるか。

解法 ばね定数 k〔N/m〕のばねにつないだ物体を x〔m〕だけ変位させるのに必要な仕事 W〔J〕は

$$W=\frac{1}{2}kx^2$$

となる。$W=0.25$ J，$k=50$ N/m より

$$W=\frac{1}{2}kx^2$$
$$0.25\ \text{J}=\frac{1}{2}\times 50\ \text{N/m}\times x^2$$
$$x^2=0.010$$

よって，$x=0.10$ m　　答 **0.10 m**

5 ばね定数が 400 N/m のばねに物体がつながれている。ばねが自然長の状態で物体に 50 J の仕事をすると，物体の変位は何 m になるか。（　）内には数値を，〔　〕内には単位を入れよ。

$W=$（ア　　）〔イ　　〕

$k=$（ウ　　）〔エ　　〕より

$W=\frac{1}{2}kx^2$

（オ　　）J $=\frac{1}{2}\times$（カ　　）N/m $\times x^2$

$x^2=0.25$　　よって，$x=0.50$ m

6 次の問いに答えよ。

(1) ばね定数が 100 N/m のばねに物体がつながれている。ばねが自然長の状態で物体に 2.0 J の仕事をすると，物体の変位は何 m になるか。

＿＿＿＿＿＿

(2) ばね定数が 200 N/m のばねに物体がつながれている。ばねが自然長の状態で物体に 9.0 J の仕事をすると，物体の変位は何 m になるか。

＿＿＿＿＿＿

☑ U〔J〕：弾性力による位置エネルギー　k〔N/m〕：ばね定数　x〔m〕：変形量（ばねの伸びまたは縮みの量）

5 力学的エネルギー保存の法則①

例題 1 重力だけを受ける物体の運動

質量 2.0 kg の物体を 10 m の高さから自由落下させた。重力加速度の大きさを 9.8 m/s^2，重力による位置エネルギーの基準面を地面として，次の問いに答えよ。

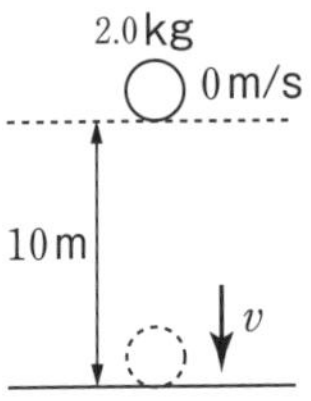

(1) 自由落下をはじめた直後の力学的エネルギーは何 J か。

(2) 地面に達する直前の力学的エネルギーは何 J か。

(3) 地面に達する直前の速さは何 m/s か。

解法 (1) 重力だけを受けて運動する物体の力学的エネルギー E は，運動エネルギー $K=\frac{1}{2}mv^2$ と重力による位置エネルギー $U=mgh$ の和である。

自由落下をはじめた直後の速さは 0 m/s であるから，$m=2.0$ kg，$v=0$ m/s，$g=9.8$ m/s^2，$h=10$ m より

$$E=K+U$$
$$=\frac{1}{2}mv^2+mgh$$
$$=\frac{1}{2}\times2.0\times0^2+2.0\times9.8\times10$$
$$=0+196$$
$$=196\fallingdotseq2.0\times10^2\text{ J}$$

答 2.0×10^2 J

(2) 自由落下運動では，重力だけが仕事をするので，力学的エネルギーは保存される（力学的エネルギー保存の法則）。

よって，地面に達する直前の力学的エネルギーは，自由落下をはじめた直後の力学的エネルギーと等しい。 **答 2.0×10^2 J**

(3) 地面に達する直前の力学的エネルギーを考える。$E=196$ J，$m=2.0$ kg，$g=9.8$ m/s^2，$h=0$ m より

$$E=K+U$$
$$E=\frac{1}{2}mv^2+mgh$$
$$196=\frac{1}{2}\times2.0\times v^2+2.0\times9.8\times0$$
$$v=14\text{ m/s}$$

答 14 m/s

（計算） $v^2=196$

$v=\sqrt{196}=\sqrt{14^2}=14$

1 質量 1.0 kg の物体を 4.9 m の高さから自由落下させた。重力加速度の大きさを 9.8 m/s^2，重力による位置エネルギーの基準面を地面として，（　　）内には数値を，〔　　〕内には単位を入れよ。

(1) 自由落下をはじめた直後の力学的エネルギーは何 J か。

$m=$（ア　　）〔イ　　〕

$v=$（ウ　　）〔エ　　〕

$g=$（オ　　）〔カ　　〕

$h=$（キ　　）〔ク　　〕より

$E=K+U$

$=\frac{1}{2}mv^2+mgh$

$=\frac{1}{2}\times$（ケ　　）$\times$（コ　　）^{2}

　　$+$（サ　　）$\times$（シ　　）$\times$（ス　　）

$=0+48.0$

$=48.0\fallingdotseq48$ J

(2) 地面に達する直前の力学的エネルギーは何 J か。

力学的エネルギー保存の法則より，地面に達する直前の力学的エネルギーは，自由落下をはじめた直後の力学的エネルギーと等しい。よって，（セ　　）J である。

(3) 地面に達する直前の速さは何 m/s か。

$E=$（ソ　　）〔タ　　〕

$m=$（チ　　）〔ツ　　〕

$g=$（テ　　）〔ト　　〕

$h=$（ナ　　）〔ニ　　〕より

$E=K+U$

$E=\frac{1}{2}mv^2+mgh$

（ヌ　　）$=\frac{1}{2}\times$（ネ　　）$\times v^2$

　　$+$（ノ　　）$\times$（ハ　　）$\times$（ヒ　　）

$v=9.8$ m/s

2 質量 1.0 kg の物体を 2.5 m の高さから自由落下させた。重力加速度の大きさを 9.8 m/s^2，重力による位置エネルギーの基準面を地面として，次の問いに答えよ。

☑ E〔J〕：力学的エネルギー　K〔J〕：運動エネルギー　U〔J〕：位置エネルギー

(1) 自由落下をはじめた直後の力学的エネルギーは何 J か。

(2) 地面に達する直前の力学的エネルギーは何 J か。

(3) 地面に達する直前の速さは何 m/s か。

例題 2　振り子の運動

質量 0.50 kg の物体を 0.40 m の糸につなぎ，糸が水平方向になる高さから静かにはなした。物体が最下点を通過するときの速さは何 m/s か。重力加速度の大きさを 9.8 m/s^2，重力による位置エネルギーの基準面を振り子の最下点とする。

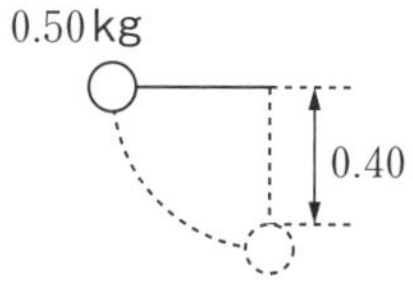

解法　張力は運動の方向と常に垂直に働くので，仕事をするのは重力だけである。よって，物体の力学的エネルギーは保存されるので，はじめの力学的エネルギー E_1〔J〕と最下点での力学的エネルギー E_2〔J〕は等しい。

$m=0.50$ kg，$g=9.8$ m/s^2，$v_1=0$ m/s，
$h_1=0.40$ m，$h_2=0$ m より

$E_1=E_2$

$K_1+U_1=K_2+U_2$

$\frac{1}{2}mv_1{}^2+mgh_1=\frac{1}{2}mv_2{}^2+mgh_2$

$\frac{1}{2}\times 0.50\times 0^2+0.50\times 9.8\times 0.40$

$=\frac{1}{2}\times 0.50\times v_2{}^2+0.50\times 9.8\times 0$

$v_2=2.8$ m/s　　　**答 2.8 m/s**

（計算）　$v_2{}^2=7.84$
$v_2=\sqrt{7.84}=\sqrt{2.8^2}=2.8$

3 質量 1.0 kg の物体を 0.90 m の糸につなぎ，糸が水平方向になる高さから静かにはなした。物体が最下点を通過するときの速さは何 m/s か。重力加速度の大きさを 9.8 m/s^2，重力による位置エネルギーの基準面を振り子の最下点として，(　　)内には数値を，〔　　〕内には単位を入れよ。

振り子の運動では，力学的エネルギー保存の法則がなりたつ。

$m=$(ア　　)〔イ　　〕
$g=$(ウ　　)〔エ　　〕
$v_1=$(オ　　)〔カ　　〕
$h_1=$(キ　　)〔ク　　〕
$h_2=$(ケ　　)〔コ　　〕より

$E_1=E_2$

$K_1+U_1=K_2+U_2$

$\frac{1}{2}mv_1{}^2+mgh_1=\frac{1}{2}mv_2{}^2+mgh_2$

$\frac{1}{2}\times$(サ　　)$\times$(シ　　)^2
　　$+$(ス　　)$\times$(セ　　)$\times$(ソ　　)
$=\frac{1}{2}\times$(タ　　)$\times v_2{}^2$
　　$+$(チ　　)$\times$(ツ　　)$\times$(テ　　)

$v_2=4.2$ m/s

4 質量 2.0 kg の物体を 0.40 m の糸につなぎ，糸が水平方向になる高さから静かにはなした。物体が最下点を通過するときの速さは何 m/s か。重力加速度の大きさを 9.8 m/s^2，重力による位置エネルギーの基準面を振り子の最下点とする。

重力だけが仕事をするとき，力学的エネルギーは保存される。

6 力学的エネルギー保存の法則②

例題 1　ばねにつながれた物体の運動

壁に固定したばね定数 25 N/m のばねの一端に質量 4.0 kg の物体を取り付け，ばねを自然長より 0.20 m 縮めて手をはなした。

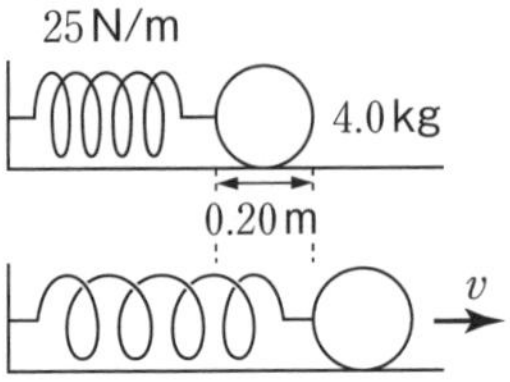

(1) 手をはなしたときの物体の力学的エネルギーは何 J か。

(2) ばねが自然長になったときの物体の力学的エネルギーは何 J か。

(3) ばねが自然長になったときの物体の速さは何 m/s か。

解法　(1) ばねにつながれて運動する物体の力学的エネルギー E は，運動エネルギー $K=\frac{1}{2}mv^2$ と弾性力による位置エネルギー $U=\frac{1}{2}kx^2$ の和である。手をはなしたときの速さは 0 m/s であるから，$m=4.0$ kg，$v=0$ m/s，$k=25$ N/m，$x=0.20$ m より

$E=K+U$

$=\frac{1}{2}mv^2+\frac{1}{2}kx^2$

$=\frac{1}{2}\times4.0\times0^2+\frac{1}{2}\times25\times0.20^2$

$=0+0.50$

$=0.50$ J　　**答 0.50 J**

(2) ばねにつながれた物体の運動では，弾性力だけが仕事をするので，力学的エネルギーは保存される（力学的エネルギー保存の法則）。

よって，ばねが自然長になったときの力学的エネルギーは，手をはなしたときの力学的エネルギーと等しい。　　**答 0.50 J**

(3) ばねが自然長になったときの力学的エネルギーを考える。$E=0.50$ J，$m=4.0$ kg，$k=25$ N/m，$x=0$ m より

$E=K+U$

$E=\frac{1}{2}mv^2+\frac{1}{2}kx^2$

$0.50=\frac{1}{2}\times4.0\times v^2+\frac{1}{2}\times25\times0^2$

$v=0.50$ m/s　　**答 0.50 m/s**

（計算）　$v^2=0.25$

$v=\sqrt{0.25}=\sqrt{0.50^2}=0.50$

1　壁に固定したばね定数 100 N/m のばねの一端に質量 1.0 kg の物体を取り付け，ばねを自然長より 0.20 m 縮めて手をはなした。
（　　）内には数値を，〔　　〕内には単位を入れよ。

(1) 手をはなしたときの物体の力学的エネルギーは何 J か。

$m=$（ア　　）〔イ　　〕

$v=$（ウ　　）〔エ　　〕

$k=$（オ　　）〔カ　　〕

$x=$（キ　　）〔ク　　〕より

$E=K+U$

$=\frac{1}{2}mv^2+\frac{1}{2}kx^2$

$=\frac{1}{2}\times$（ケ　　）$\times$（コ　　）^{2}

$+\frac{1}{2}\times$（サ　　）$\times$（シ　　）^{2}

$=0+2.0$

$=2.0$ J

(2) ばねが自然長になったときの物体の力学的エネルギーは何 J か。

力学的エネルギー保存の法則より，ばねが自然長になったときの力学的エネルギーは，手をはなしたときの力学的エネルギーと等しい。

よって，（ス　　）J である。

(3) ばねが自然長になったときの物体の速さは何 m/s か。

$E=$（セ　　）〔ソ　　〕

$m=$（タ　　）〔チ　　〕

$k=$（ツ　　）〔テ　　〕

$x=$（ト　　）〔ナ　　〕より

$E=K+U$

$E=\frac{1}{2}mv^2+\frac{1}{2}kx^2$

（ニ　　）$=\frac{1}{2}\times$（ヌ　　）$\times v^2$

$+\frac{1}{2}\times$（ネ　　）$\times$（ノ　　）^{2}

$v=2.0$ m/s

弾性力だけが仕事をする場合にも，力学的エネルギーは保存される。

2 壁に固定したばね定数 50 N/m のばねの一端に質量 0.50 kg の物体を取り付け，ばねを自然長より 0.10 m 縮めて手をはなした。

(1) 手をはなしたときの物体の力学的エネルギーは何 J か。

(2) ばねが自然長になったときの物体の力学的エネルギーは何 J か。

(3) ばねが自然長になったときの物体の速さは何 m/s か。

例題 2 ばねに衝突する物体

ばね定数 200 N/m のばねの一端を固定し，質量 2.0 kg の物体を速さ 2.0 m/s でばねに衝突させた。ばねの縮みは最大で何 m か。衝突する前のばねは自然長の状態である。

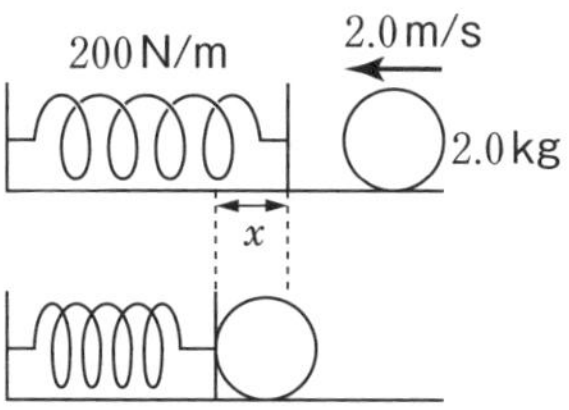

解法 力学的エネルギーが保存されるので，ばねに衝突する前の力学的エネルギー E_1〔J〕とばねの縮み x〔m〕が最大になるときの力学的エネルギー E_2〔J〕は等しい。

$m=2.0$ kg，$v_1=2.0$ m/s，$k=200$ N/m，$x_1=0$ m，$v_2=0$ m/s より

$E_1=E_2$

$K_1+U_1=K_2+U_2$

$\frac{1}{2}mv_1{}^2+\frac{1}{2}kx_1{}^2=\frac{1}{2}mv_2{}^2+\frac{1}{2}kx_2{}^2$

$\frac{1}{2}\times 2.0\times 2.0^2+\frac{1}{2}\times 200\times 0^2$

$=\frac{1}{2}\times 2.0\times 0^2+\frac{1}{2}\times 200\times x_2{}^2$

$x_2=0.20$ m　　**答 0.20 m**

3 ばね定数 200 N/m のばねの一端を固定し，質量 0.50 kg の物体を速さ 2.0 m/s でばねに衝突させた。ばねの縮みは最大で何 m か。衝突する前のばねは自然長の状態であるとして，（　　）内には数値を，〔　　〕内には単位を入れよ。

ばねにつながれた物体の運動では，力学的エネルギー保存の法則がなりたつ。

$m=$（ア　　）〔イ　　〕

$v_1=$（ウ　　）〔エ　　〕

$k=$（オ　　）〔カ　　〕

$x_1=$（キ　　）〔ク　　〕

$v_2=$（ケ　　）〔コ　　〕より

$K_1+U_1=K_2+U_2$

$\frac{1}{2}mv_1{}^2+\frac{1}{2}kx_1{}^2=\frac{1}{2}mv_2{}^2+\frac{1}{2}kx_2{}^2$

$\frac{1}{2}\times$（サ　　）$\times$（シ　　）^{2}

$+\frac{1}{2}\times$（ス　　）$\times$（セ　　）^{2}

$=\frac{1}{2}\times$（ソ　　）$\times$（タ　　）^{2}

$+\frac{1}{2}\times$（チ　　）$\times x_2{}^2$

$x_2=0.10$ m

4 ばね定数 90 N/m のばねの一端を固定し，質量 0.40 kg の物体を速さ 3.0 m/s でばねに衝突させた。ばねの縮みは最大で何 m か。衝突する前のばねは自然長の状態である。

ばねの縮みが最大になったとき，物体の速さは 0 m/s になる。

7 力学的エネルギー保存の法則③

例題 1 曲面上での運動

なめらかな曲面の高さ 10 m の A 点から質量 2.0 kg の物体が静かに運動をはじめた。重力加速度の大きさを 9.8 m/s²，重力による位置エネルギーの基準面を高さ 0 m の B 点として，次の問いに答えよ。

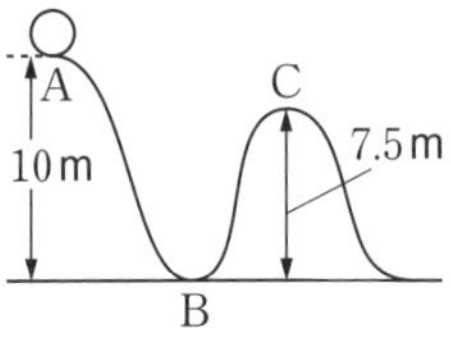

(1) B 点での速さは何 m/s か。

(2) 高さ 7.5 m の C 点での速さは何 m/s か。

解法 曲面上の運動では，重力だけが仕事をするので，力学的エネルギーは保存される。

(1) 力学的エネルギー保存の法則より，A 点と B 点での力学的エネルギーは等しい。

$m=2.0$ kg，$v_A=0$ m/s，$g=9.8$ m/s^2，$h_A=10$ m，$h_B=0$ m より

$E_A=E_B$

$\frac{1}{2}mv_A{}^2+mgh_A=\frac{1}{2}mv_B{}^2+mgh_B$

$\frac{1}{2}\times2.0\times0^2+2.0\times9.8\times10$

$=\frac{1}{2}\times2.0\times v_B{}^2+2.0\times9.8\times0$

$v_B=14$ m/s　　**答 14 m/s**

(2) 力学的エネルギー保存の法則より，A 点と C 点での力学的エネルギーは等しい。

$m=2.0$ kg，$v_A=0$ m/s，$g=9.8$ m/s^2，$h_A=10$ m，$h_C=7.5$ m より

$E_A=E_C$

$\frac{1}{2}mv_A{}^2+mgh_A=\frac{1}{2}mv_C{}^2+mgh_C$

$\frac{1}{2}\times2.0\times0^2+2.0\times9.8\times10$

$=\frac{1}{2}\times2.0\times v_C{}^2+2.0\times9.8\times7.5$

$v_C=7.0$ m/s　　**答 7.0 m/s**

1 なめらかな曲面の高さ 40 m の A 点から質量 2.0 kg の物体が静かに運動をはじめた。重力加速度の大きさを 9.8 m/s²，重力による位置エネルギーの基準面を高さ 0 m の B 点として，(　　)内には数値を，〔　　〕内には単位を入れよ。

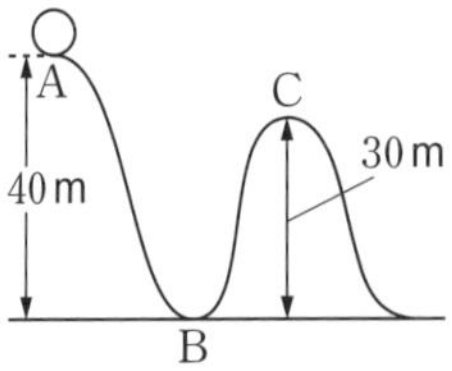

(1) B 点での速さは何 m/s か。

力学的エネルギーは保存されるので

$m=$(ア　　)〔イ　　〕

$g=$(ウ　　)〔エ　　〕

$v_A=$(オ　　)〔カ　　〕

$h_A=$(キ　　)〔ク　　〕

$h_B=$(ケ　　)〔コ　　〕より

$E_A=E_B$

$\frac{1}{2}mv_A{}^2+mgh_A=\frac{1}{2}mv_B{}^2+mgh_B$

$\frac{1}{2}\times$(サ　　)$\times$(シ　　)^2

$+$(ス　　)$\times$(セ　　)$\times$(ソ　　)

$=\frac{1}{2}\times$(タ　　)$\times v_B{}^2$

$+$(チ　　)$\times$(ツ　　)$\times$(テ　　)

$v_B=28$ m/s

(2) 高さ 30 m の C 点での速さは何 m/s か。

力学的エネルギーは保存されるので

$m=$(ト　　)〔ナ　　〕

$g=$(ニ　　)〔ヌ　　〕

$v_A=$(ネ　　)〔ノ　　〕

$h_A=$(ハ　　)〔ヒ　　〕

$h_C=$(フ　　)〔ヘ　　〕より

$E_A=E_C$

$\frac{1}{2}mv_A{}^2+mgh_A=\frac{1}{2}mv_C{}^2+mgh_C$

$\frac{1}{2}\times$(ホ　　)$\times$(マ　　)^2

$+$(ミ　　)$\times$(ム　　)$\times$(メ　　)

$=\frac{1}{2}\times$(モ　　)$\times v_C{}^2$

$+$(ヤ　　)$\times$(ユ　　)$\times$(ヨ　　)

$v_C=14$ m/s

2 なめらかな曲面の高さ 10 m の A 点から質量 1.0 kg の物体が静かに運動をはじめた。重力加速度の大きさを 9.8 m/s²，重力による位置エネルギーの基準面を高さ 0 m の B 点とする。

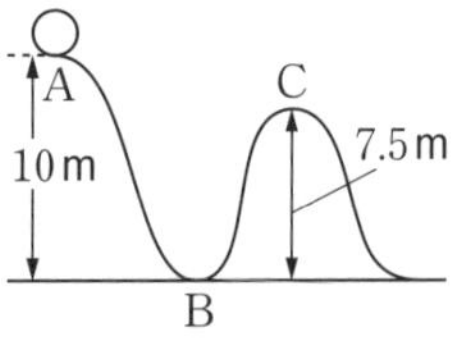

 物体がなめらかな斜面や曲面上を運動するとき，力学的エネルギーは保存される。

(1) B 点での速さは何 m/s か。

(2) 高さ 7.5 m の C 点での速さは何 m/s か。

例題 2　摩擦のある面上での運動

なめらかな斜面の高さ10 mのA点から質量 2.0 kg の物体を静かにはなしたところ，摩擦のある水平面上を 9.8 m 進んだ B 点で静止した。動摩擦力の大きさは何 N か。重力加速度の大きさを 9.8 m/s^2，水平面を重力による位置エネルギーの基準面とする。

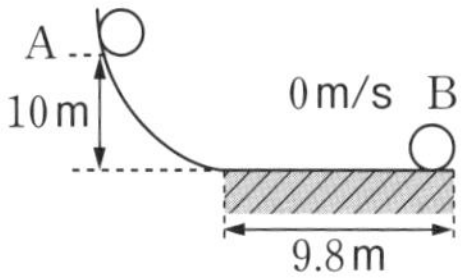

解法　物体が摩擦のある水平面上を運動するとき，動摩擦力のする仕事は $-fx$ であり，力学的エネルギーは動摩擦力のした仕事の分だけ減少する。

$m=2.0$ kg，$v_A=0$ m/s，$g=9.8$ m/s^2，$h_A=10$ m，$v_B=0$ m/s，$h_B=0$ m，$x=9.8$ m より

$$E_B-E_A=-fx$$

$$\left(\frac{1}{2}mv_B{}^2+mgh_B\right)-\left(\frac{1}{2}mv_A{}^2+mgh_A\right)=-fx$$

$$\left(\frac{1}{2}\times2.0\times0^2+2.0\times9.8\times0\right)-\left(\frac{1}{2}\times2.0\times0^2+2.0\times9.8\times10\right)=-f\times9.8$$

$f=20$ N　　　**答 20 N**

3 なめらかな斜面の高さ 10 m の A 点から質量 2.0 kg の物体を静かにはなしたところ，摩擦のある水平面上を 20 m 進んだ B 点で静止した。動摩擦力の大きさは何 N か。重力加速度の大きさを 9.8 m/s^2，水平面を重力による位置エネルギーの基準面とする。

　力学的エネルギーは動摩擦力のした仕事の分だけ減少する。

m＝(ア　　)〔イ　　〕
v_A＝(ウ　　)〔エ　　〕
g＝(オ　　)〔カ　　〕
h_A＝(キ　　)〔ク　　〕
v_B＝(ケ　　)〔コ　　〕
h_B＝(サ　　)〔シ　　〕
x＝(ス　　)〔セ　　〕より

$$E_B-E_A=-fx$$

$$\left(\frac{1}{2}mv_B{}^2+mgh_B\right)-\left(\frac{1}{2}mv_A{}^2+mgh_A\right)=-fx$$

$\Bigl(\frac{1}{2}\times$(ソ　　)$\times$(タ　　)^2
　＋(チ　　)$\times$(ツ　　)$\times$(テ　　)$\Bigr)$
$-\Bigl(\frac{1}{2}\times$(ト　　)$\times$(ナ　　)^2
　＋(ニ　　)$\times$(ヌ　　)$\times$(ネ　　)$\Bigr)$
　$=-f\times$(ノ　　)

$f=9.8$ N

4 なめらかな斜面の高さ 5.0 m の A 点から質量 2.0 kg の物体を静かにはなしたところ，摩擦のある水平面上を 4.9 m 進んだ B 点で静止した。動摩擦力の大きさは何 N か。重力加速度の大きさを 9.8 m/s^2，水平面を重力による位置エネルギーの基準面とする。

8 熱と温度・熱容量と比熱

例題 1 セ氏温度と絶対温度

15 ℃は，絶対温度では何 K か。

解法 絶対温度 T〔K〕の値とセ氏温度 t〔℃〕の値の間には，次の関係がなりたつ。

$$T=t+273$$

$t=15$ ℃より

$T=t+273$

$=15+273$

$=288$ K

答 288 K

1 (　　)内には数値を，〔　　〕内には単位を入れよ。

(1) 100 ℃は，絶対温度で何 K か。

$t=$(ア　　)〔イ　　〕より

$T=t+273$

$=$(ウ　　)$+273$

$=373$ K

(2) 300 K は，セ氏温度で何 ℃か。

$T=$(エ　　)〔オ　　〕より

$T=t+273$

(カ　　)$=t+273$

$t=27$ ℃

(3) 10 ℃と 50 ℃の温度差は絶対温度で何 K か。

(キ　　)℃－(ク　　)℃＝40 ℃

セ氏温度と絶対温度の目盛幅は等しいので，40 ℃の温度差は絶対温度で 40 K である。

2 次の問いに答えよ。

(1) 10 ℃は，絶対温度で何 K か。

(2) 0 K は，セ氏温度で何 ℃か。

(3) 20 ℃と 90 ℃の温度差は絶対温度で何 K か。

例題 2 熱容量

熱容量が 30 J/K の物体の温度を 2.0 K 上昇させるために必要な熱量は何 J か。

解法 熱容量 C〔J/K〕の物体の温度を ΔT〔K〕変化させるのに必要な熱量 Q〔J〕は

$$Q=C\Delta T$$

となる。$C=30$ J/K，$\Delta T=2.0$ K より

$Q=C\Delta T$

$=30$ J/K × 2.0 K

$=60$ J

答 60 J

3 (　　)内には数値を，〔　　〕内には単位を入れよ。

(1) 熱容量が 20 J/K の物体の温度を 1.5 K 上昇させるために必要な熱量は何 J か。

$C=$(ア　　)〔イ　　〕

$\Delta T=$(ウ　　)〔エ　　〕より

$Q=C\Delta T$

$=$(オ　　)J/K × (カ　　)K

$=30$ J

(2) 熱容量が 10 J/K の物体に 50 J の熱量を与えたときの，温度上昇は何 K か。

$Q=$(キ　　)〔ク　　〕

$C=$(ケ　　)〔コ　　〕より

$Q=C\Delta T$

(サ　　)J＝(シ　　)J/K × ΔT

$\Delta T=5.0$ K

4 次の問いに答えよ。

(1) 熱容量が 25 J/K の物体の温度を 2.0 K 上昇させるために必要な熱量は何 J か。

(2) 熱容量が 30 J/K の物体に 90 J の熱量を与えたときの，温度上昇は何 K か。

! T〔K〕には絶対温度の値を，t〔℃〕にはセ氏温度の値を代入する。

例題 3　比熱

比熱が 2.0 J/(g·K) の物質 20 g の温度を 1.0 K 上昇させるために必要な熱量は何 J か。

解法　比熱 c〔J/(g·K)〕の物質 m〔g〕の温度を ΔT〔K〕変化させるのに必要な熱量 Q〔J〕は

$$Q=mc\Delta T$$

となる。$m=20$ g，$c=2.0$ J/(g·K)，$\Delta T=1.0$ K より

$Q=mc\Delta T$

$=20\ \text{g}\times 2.0\ \text{J/(g·K)}\times 1.0\ \text{K}$

$=40$ J

答 40 J

5 (　　)内には数値を，〔　　〕内には単位を入れよ。

(1) 比熱が 0.90 J/(g·K) のアルミニウム 10 g の温度を 5.0 K 上昇させるために必要な熱量は何 J か。

$m=$(ア　　)〔イ　　〕

$c=$(ウ　　)〔エ　　〕

$\Delta T=$(オ　　)〔カ　　〕より

$Q=mc\Delta T$

$=$(キ　　)g×(ク　　)J/(g·K)×(ケ　　)K

$=45$ J

(2) 比熱が 0.45 J/(g·K) の鉄 20 g に 90 J の熱量を与えたときの，温度上昇は何 K か。

$Q=$(コ　　)〔サ　　〕

$m=$(シ　　)〔ス　　〕

$c=$(セ　　)〔ソ　　〕より

$Q=mc\Delta T$

(タ　　)J＝(チ　　)g×(ツ　　)J/(g·K)×ΔT

$\Delta T=10$ K

6 次の問いに答えよ。

(1) 比熱が 0.30 J/(g·K) の物質 20 g の温度を 8.0 K 上昇させるために必要な熱量は何 J か。

(2) 比熱が 1.5 J/(g·K) の物質 10 g に 60 J の熱量を与えたときの，温度上昇は何 K か。

例題 4　熱容量と比熱

比熱が 4.2 J/(g·K) の水が 20 g ある。この水の熱容量は何 J/K か。

解法　比熱 c〔J/(g·K)〕の物質からなる質量 m〔g〕の物体の熱容量 C〔J/K〕は

$$C=mc$$

となる。$m=20$ g，$c=4.2$ J/(g·K) より

$C=mc$

$=20\ \text{g}\times 4.2\ \text{J/(g·K)}$

$=84$ J/K

答 84 J/K

7 (　　)内には数値を，〔　　〕内には単位を入れよ。

(1) 比熱が 4.2 J/(g·K) の水が 15 g ある。この水の熱容量は何 J/K か。

$m=$(ア　　)〔イ　　〕

$c=$(ウ　　)〔エ　　〕より

$C=mc$

$=$(オ　　)g×(カ　　)J/(g·K)

$=63$ J/K

(2) 比熱が 0.39 J/(g·K) の銅が 100 g ある。この銅の熱容量は何 J/K か。

$m=$(キ　　)〔ク　　〕

$c=$(ケ　　)〔コ　　〕より

$C=mc$

$=$(サ　　)g×(シ　　)J/(g·K)

$=39$ J/K

8 次の問いに答えよ。

(1) 比熱が 4.2 J/(g·K) の水が 10 g ある。この水の熱容量は何 J/K か。

(2) 比熱が 0.90 J/(g·K) のアルミニウムが 50 g ある。このアルミニウムの熱容量は何 J/K か。

☑ Q〔J〕：熱量　C〔J/K〕：熱容量　c〔J/(g·K)〕：比熱　m〔g〕：質量　ΔT〔K〕：温度変化

9 熱量の保存①

例題 1　水と湯の混合①

60 ℃の湯 60 g の中に，20 ℃の水 40 g を入れてかき混ぜると，全体の温度は何 ℃になるか。ただし，水の比熱は 4.2 J/(g·K)であり，熱は水と湯の間のみで移動するものとする。

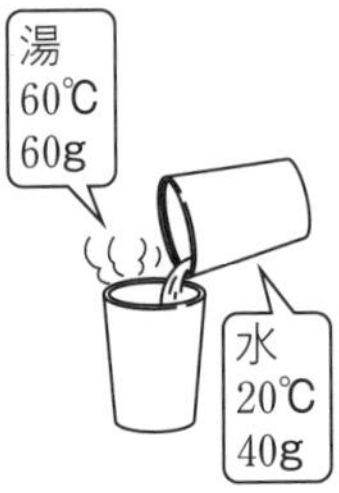

解法　高温の物体が放出した熱量と低温の物体が受け取った熱量が等しいことを，熱量の保存という。

かき混ぜたあとの温度を t〔℃〕とする。
湯が放出した熱量を Q_1〔J〕として，
　$m_1=60$ g，$c_1=4.2$ J/(g·K)，$t_1=60$ ℃
を $Q_1=m_1c_1(t_1-t)$ に代入する。
水が受け取った熱量を Q_2〔J〕として，
　$m_2=40$ g，$c_2=4.2$ J/(g·K)，$t_2=20$ ℃
を $Q_2=m_2c_2(t-t_2)$ に代入する。
熱量の保存より
　$Q_1=Q_2$
　$m_1c_1(t_1-t)=m_2c_2(t-t_2)$
　$60\times4.2\times(60-t)=40\times4.2\times(t-20)$
　$t=44$ ℃　　　　**答** 44 ℃

1 90 ℃の湯 60 g の中に，20 ℃の水 10 g を入れてかき混ぜると，全体の温度は何 ℃になるか。水の比熱は 4.2 J/(g·K)であり，熱は水と湯の間のみで移動するものとして，（　　）内には数値を，〔　　〕内には単位を入れよ。
湯が放出した熱量 Q_1〔J〕について
$m_1=$（ア　　）〔イ　　〕
$c_1=$（ウ　　）〔エ　　〕
$t_1=$（オ　　）〔カ　　〕を，
水が受け取った熱量 Q_2〔J〕について
$m_2=$（キ　　）〔ク　　〕
$c_2=$（ケ　　）〔コ　　〕
$t_2=$（サ　　）〔シ　　〕を代入する。
かき混ぜたあとの温度を t〔℃〕として，熱量の保存より
$Q_1=Q_2$
$m_1c_1(t_1-t)=m_2c_2(t-t_2)$
（ス　　）×（セ　　）×((ソ　　)$-t$)
　＝（タ　　）×（チ　　）×($t-$(ツ　　))
$t=80$ ℃

2 水の比熱は 4.2 J/(g·K)であり，熱は水と湯の間のみで移動するものとして，次の問いに答えよ。

(1) 80 ℃の湯 20 g の中に，20 ℃の水 30 g を入れてかき混ぜると，全体の温度は何 ℃になるか。

(2) 90 ℃の湯 35 g の中に，15 ℃の水 40 g を入れてかき混ぜると，全体の温度は何 ℃になるか。

(3) 92 ℃の湯 35 g の中に，20 ℃の水 55 g を入れてかき混ぜると，全体の温度は何 ℃になるか。

(4) 95 ℃の湯 80 g の中に，14 ℃の水 10 g を入れてかき混ぜると，全体の温度は何 ℃になるか。

例題 2 水と湯の混合②

100 ℃の湯 50 g の中に，20 ℃の水を入れてかき混ぜたところ，70 ℃になった。水の質量は何 g か。ただし，水の比熱は 4.2 J/(g·K) であり，熱は水と湯の間のみで移動するものとする。

解法 水の質量を m_2〔g〕とする。
湯が放出した熱量を Q_1〔J〕として，
$m_1=50$ g，$c_1=4.2$ J/(g·K)，
$t_1=100$ ℃，$t=70$ ℃
を $Q_1=m_1c_1(t_1-t)$ に代入する。
水が受け取った熱量を Q_2〔J〕として，
$c_2=4.2$ J/(g·K)，$t_2=20$ ℃，$t=70$ ℃
を $Q_2=m_2c_2(t-t_2)$ に代入する。
熱量の保存より

$Q_1=Q_2$
$m_1c_1(t_1-t)=m_2c_2(t-t_2)$
$50\times4.2\times(100-70)=m_2\times4.2\times(70-20)$
$m_2=30$ g　　**答** 30 g

3 70 ℃の湯 160 g の中に，10 ℃の水を入れてかき混ぜたところ，50 ℃になった。水の質量は何 g か。水の比熱は 4.2 J/(g·K) であり，熱は水と湯の間のみで移動するものとして，(　　)内には数値を，〔　　〕内には単位を入れよ。

湯が放出した熱量 Q_1〔J〕について
m_1＝(ア　　)〔イ　　〕
c_1＝(ウ　　)〔エ　　　　〕
t_1＝(オ　　)〔カ　　〕
t＝(キ　　)〔ク　　〕を，
水が受け取った熱量 Q_2〔J〕について
c_2＝(ケ　　)〔コ　　　　〕
t_2＝(サ　　)〔シ　　〕
t＝(ス　　)〔セ　　〕を代入する。
水の質量を m_2〔g〕として，熱量の保存より，
$Q_1=Q_2$
$m_1c_1(t_1-t)=m_2c_2(t-t_2)$
(ソ　　)×(タ　　)×((チ　　)－(ツ　　))
　＝m_2×(テ　　)×((ト　　)－(ナ　　))
$m_2=80$ g

4 水の比熱は 4.2 J/(g·K) であり，熱は水と湯の間のみで移動するものとして，次の問いに答えよ。

(1) 80 ℃の湯 60 g の中に，20 ℃の水を入れてかき混ぜたところ，50 ℃になった。水の質量は何 g か。

(2) 90 ℃の湯 70 g の中に，30 ℃の水を入れてかき混ぜたところ，65 ℃になった。水の質量は何 g か。

(3) 70 ℃の湯 100 g の中に，20 ℃の水を入れてかき混ぜたところ，60 ℃になった。水の質量は何 g か。

(4) 85 ℃の湯 75 g の中に，25 ℃の水を入れてかき混ぜたところ，70 ℃になった。水の質量は何 g か。

熱量の保存がなりたつのは，熱が外部へ逃げない場合である。

10 熱量の保存②

例題 1　金属の比熱測定①

20 ℃の水 200 g の中に，100 ℃に熱した 150 g の金属球を入れてかき混ぜると，水温は 26 ℃になった。金属球の比熱は何 J/(g·K)か。水の比熱は 4.2 J/(g·K)であり，熱は水と金属球の間のみで移動するものとする。

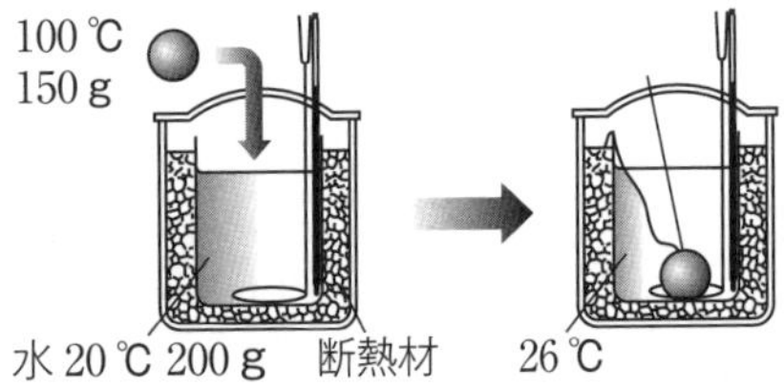

解法　熱量の保存より，熱した金属球が放出した熱量と水が受け取った熱量は等しい。
金属球の比熱を c_1〔J/(g·K)〕とする。
かき混ぜたあとの金属球の温度は水温と等しくなっていると考えると，金属球が放出した熱量を Q_1〔J〕として，

$m_1 = 150$ g
$t_1 = 100$ ℃
$t = 26$ ℃

を $Q_1 = m_1c_1(t_1 - t)$ に代入する。
水が受け取った熱量を Q_2〔J〕として，

$m_2 = 200$ g
$c_2 = 4.2$ J/(g·K)
$t_2 = 20$ ℃
$t = 26$ ℃

を $Q_2 = m_2c_2(t - t_2)$ に代入する。
熱量の保存より

$Q_1 = Q_2$
$m_1c_1(t_1 - t) = m_2c_2(t - t_2)$
$150 \times c_1 \times (100 - 26) = 200 \times 4.2 \times (26 - 20)$
$c_1 = 0.45$ J/(g·K)　　　**答 0.45 J/(g·K)**

1　15 ℃の水 200 g の中に，100 ℃に熱した 200 g の金属球を入れてかき混ぜると，水温は 30 ℃になった。金属球の比熱は何 J/(g·K)か。水の比熱は 4.2 J/(g·K)であり，熱は水と金属球の間のみで移動するものとして，(　　)内には数値を，〔　　〕内には単位を入れよ。

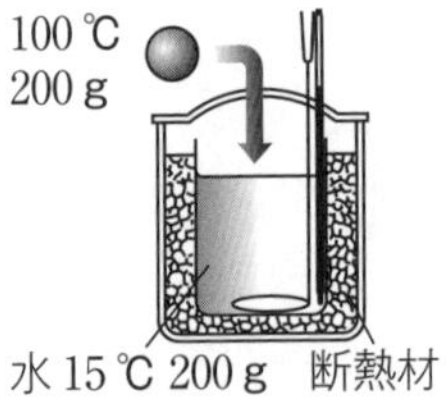

金属球が放出した熱量 Q_1〔J〕について
m_1＝(ア　　　)〔イ　　〕
t_1＝(ウ　　　)〔エ　　〕
t＝(オ　　)〔カ　　〕を，
水が受け取った熱量 Q_2〔J〕について
m_2＝(キ　　　)〔ク　　〕
c_2＝(ケ　　)〔コ　　　　　〕
t_2＝(サ　　)〔シ　　〕
t＝(ス　　)〔セ　　〕を代入する。
金属球の比熱を c_1〔J/(g·K)〕として，熱量の保存より，
$Q_1 = Q_2$
$m_1c_1(t_1 - t) = m_2c_2(t - t_2)$
(ソ　　　)×c_1×((タ　　　)−(チ　　))
　＝(ツ　　　)×(テ　　　)×((ト　　)−(ナ　　))
$c_1 = 0.90$ J/(g·K)

2　水の比熱は 4.2 J/(g·K)であり，熱は水と金属球の間のみで移動するものとして，次の問いに答えよ。

(1) 20 ℃の水 300 g の中に，100 ℃に熱した 200 g の金属球を入れてかき混ぜると，水温は 30 ℃になった。金属球の比熱は何 J/(g·K)か。

(2) 20 ℃の水 240 g の中に，100 ℃に熱した 180 g の金属球を入れてかき混ぜると，水温は 26 ℃になった。金属球の比熱は何 J/(g·K)か。

例題 2　金属の比熱測定②

質量 100 g の銅製容器に水 100 g を入れると水温は 22 ℃になった。この水の中に，100 ℃に熱した 35 g の金属球を入れてかき混ぜると，水温は 27 ℃になった。金属球の比熱は何 J/(g·K) か。水の比熱は 4.2 J/(g·K)，銅の比熱は 0.39 J/(g·K) であり，熱は水と銅製容器と金属球の間のみで移動するものとする。

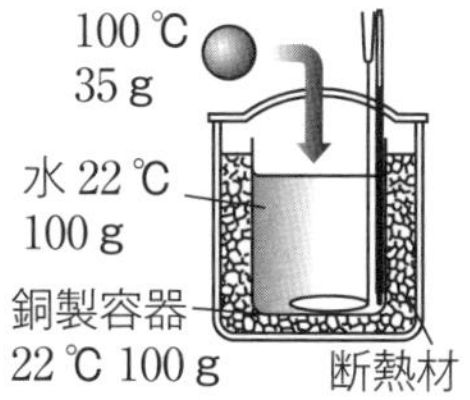

解法　熱量の保存より，熱した金属球が放出した熱量と，水と銅製容器が受け取った熱量の和は等しい。

金属球の比熱を c_1〔J/(g·K)〕とする。

金属球が放出した熱量を Q_1〔J〕として，

$m_1 = 35$ g

$t_1 = 100$ ℃

$t = 27$ ℃

を $Q_1 = m_1c_1(t_1 - t)$ に代入する。

水が受け取った熱量を Q_2〔J〕として，

$m_2 = 100$ g

$c_2 = 4.2$ J/(g·K)

$t_2 = 22$ ℃

$t = 27$ ℃

を $Q_2 = m_2c_2(t - t_2)$ に代入する。

銅製容器が受け取った熱量を Q_3〔J〕として，

$m_3 = 100$ g

$c_3 = 0.39$ J/(g·K)

$t_3 = 22$ ℃

$t = 27$ ℃

を $Q_3 = m_3c_3(t - t_3)$ に代入する。

熱量の保存より

$Q_1 = Q_2 + Q_3$

$m_1c_1(t_1 - t) = m_2c_2(t - t_2) + m_3c_3(t - t_3)$

$35 \times c_1 \times (100 - 27)$

$= 100 \times 4.2 \times (27 - 22) + 100 \times 0.39 \times (27 - 22)$

$c_1 = 0.90$ J/(g·K)　　**答 0.90 J/(g·K)**

3 質量 100 g の銅製容器に水 200 g を入れると水温は 20 ℃になった。この水の中に，100 ℃に熱した 50 g の金属球を入れてかき混ぜると，水温は 22 ℃になった。金属球の比熱は何 J/(g·K) か。水の比熱は 4.2 J/(g·K)，銅の比熱は 0.39 J/(g·K) であり，熱は水と銅製容器と金属球の間のみで移動するものとして，(　　) 内には数値を，〔　　〕内には単位を入れよ。

金属球が放出した熱量 Q_1〔J〕について

m_1 = (ア　　)〔イ　　〕

t_1 = (ウ　　)〔エ　　〕

t = (オ　　)〔カ　　〕を，

水が受け取った熱量 Q_2〔J〕について

m_2 = (キ　　)〔ク　　〕

c_2 = (ケ　　)〔コ　　　　〕

t_2 = (サ　　)〔シ　　〕

t = (ス　　)〔セ　　〕を，

銅製容器が受け取った熱量 Q_3〔J〕について

m_3 = (ソ　　)〔タ　　〕

c_3 = (チ　　)〔ツ　　　　〕

t_3 = (テ　　)〔ト　　〕

t = (ナ　　)〔ニ　　〕を代入する。

金属球の比熱を c_1〔J/(g·K)〕として，熱量の保存より，

$Q_1 = Q_2 + Q_3$

$m_1c_1(t_1 - t) = m_2c_2(t - t_2) + m_3c_3(t - t_3)$

(ヌ　　) × c_1 × ((ネ　　) − (ノ　　))

= (ハ　　) × (ヒ　　) × ((フ　　) − (ヘ　　))

＋ (ホ　　) × (マ　　) × ((ミ　　) − (ム　　))

$c_1 = 0.45$ J/(g·K)

4 100 g の銅製容器に水 100 g を入れると水温は 20 ℃になった。この水の中に，100 ℃に熱した 100 g の金属球を入れてかき混ぜると，水温は 33 ℃になった。金属球の比熱は何 J/(g·K) か。水の比熱は 4.2 J/(g·K)，銅の比熱は 0.39 J/(g·K) であり，熱は水と銅製容器と金属球の間のみで移動するものとする。

！ 銅製容器の温度は水温と等しいと考える。

11 熱と仕事

例題 1 熱力学第一法則

容器に気体が入っている。この気体が30 J の熱を受け取り，同時に20 J の仕事をされた。気体の内部エネルギーの変化は何 J か。

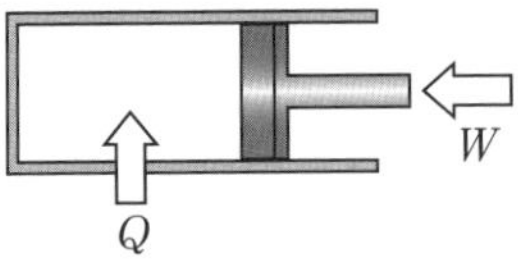

解法 気体が受け取った熱を Q〔J〕，気体がされた仕事を W〔J〕とすると，熱力学第一法則より，気体の内部エネルギーの変化 ΔU〔J〕は

$$\Delta U = Q + W$$

となる。気体が熱を受け取った場合は $Q>0$，熱を放出した場合は $Q<0$ となる。同様に，気体が仕事をされた場合は $W>0$，仕事をした場合は $W<0$ となる。

気体は熱を受け取ったので $Q=30$ J，仕事をされたので $W=20$ J をそれぞれ代入して

$\Delta U = Q + W$

$= 30\text{ J} + 20\text{ J}$

$= 50\text{ J}$

答 50 J

1 (　　)内には数値を，〔　　〕内には単位を入れよ。

(1) 気体が 10 J の熱を受け取り，同時に 15 J の仕事をされたとき，気体の内部エネルギーの変化は何 J か。

熱は受け取ったので $Q=$(ア　　)〔イ　　〕，仕事はされたので $W=$(ウ　　)〔エ　　〕をそれぞれ代入する。

熱力学第一法則より

$\Delta U = Q + W$

$=$(オ　　)J＋(カ　　)J

$= 25$ J

(2) 気体が 60 J の熱を受け取り，同時に外部へ 24 J の仕事をしたとき，気体の内部エネルギーの変化は何 J か。

熱は受け取ったので $Q=$(キ　　)〔ク　　〕，仕事はしたので $W=$(ケ　　)〔コ　　〕を，正負の符号を含めてそれぞれ代入する。

熱力学第一法則より

$\Delta U = Q + W$

$=$(サ　　)J＋(シ　　)J

$= 36$ J

(3) 気体が 50 J の熱を受け取り，同時に仕事をされたところ，気体の内部エネルギーは 70 J 増加した。気体がされた仕事は何 J か。

熱は受け取ったので $Q=$(ス　　)〔セ　　〕，内部エネルギーは増加したので $\Delta U=$(ソ　　)〔タ　　〕をそれぞれ代入する。

熱力学第一法則より

$\Delta U = Q + W$

(チ　　)J＝(ツ　　)J＋W

$W = 20$ J

2 容器に気体が入っている。この気体にヒーターで熱を加えたり，ピストンを動かして仕事をしたりする。

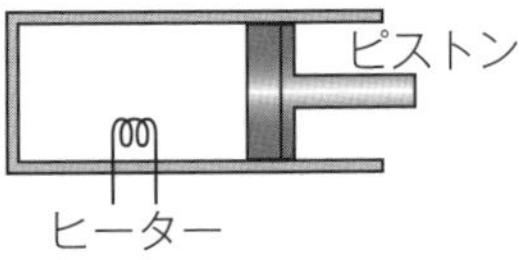

(1) 気体が 40 J の熱を受け取り，同時に 10 J の仕事をされたとき，気体の内部エネルギーの変化は何 J か。

(2) 気体が 50 J の熱を受け取り，同時に外部へ 20 J の仕事をしたとき，気体の内部エネルギーの変化は何 J か。

(3) 気体が 50 J の熱を受け取り，同時に仕事をされたところ，気体の内部エネルギーは 80 J 増加した。気体がされた仕事は何 J か。

例題 2　熱機関の熱効率①

熱機関が 200 J の熱を受け取り，40 J の仕事をした。熱効率はいくらか。

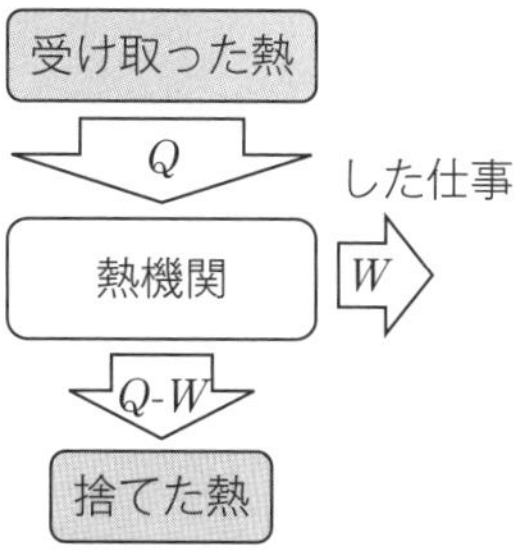

解法　熱機関が受け取った熱を Q〔J〕，熱機関がした仕事を W〔J〕とすると，熱機関の熱効率 e は

$$e=\frac{W}{Q}$$

となる。$Q=200$ J，$W=40$ J より

$$e=\frac{40\ \text{J}}{200\ \text{J}}$$

$$=0.20$$

答　0.20

3　熱機関が 500 J の熱を受け取り，75 J の仕事をした。熱効率はいくらか。(　　)内には数値を，〔　　〕内には単位を入れよ。

$Q=$ (ア　　　)〔イ　　〕

$W=$ (ウ　　　)〔エ　　〕より

$e=\dfrac{W}{Q}=\dfrac{(\text{オ}\qquad)\text{J}}{(\text{カ}\qquad)\text{J}}$

$=0.15$

4　次の問いに答えよ。

(1) 熱機関が 300 J の熱を受け取り，60 J の仕事をした。熱効率はいくらか。

(2) 熱機関が 400 J の熱を受け取り，40 J の仕事をした。熱効率はいくらか。

例題 3　熱機関の熱効率②

熱効率が 0.20 の熱機関に 10 J の仕事をさせるためには，何 J の熱を与える必要があるか。

解法　$e=0.20$，$W=10$ J を代入して

$$e=\frac{W}{Q}$$

$$0.20=\frac{10\ \text{J}}{Q}$$

$$Q=\frac{10\ \text{J}}{0.20}=50\ \text{J}$$

答　50 J

5　(　　)内には数値を，〔　　〕内には単位を入れよ。

(1) 熱効率が 0.30 の熱機関に 12 J の仕事をさせるためには，何 J の熱を与える必要があるか。

$e=$ (ア　　　)

$W=$ (イ　　　)〔ウ　　〕より

$e=\dfrac{W}{Q}$

(エ　　　) $=\dfrac{(\text{オ}\qquad)\text{J}}{Q}$

$Q=40$ J

(2) 熱効率が 0.20 の熱機関に 18 J の仕事をさせるためには，何 J の熱を与える必要があるか。

$e=$ (カ　　　)

$W=$ (キ　　　)〔ク　　〕より

$e=\dfrac{W}{Q}$

(ケ　　　) $=\dfrac{(\text{コ}\qquad)\text{J}}{Q}$

$Q=90$ J

6　次の問いに答えよ。

(1) 熱効率が 0.25 の熱機関に 20 J の仕事をさせるためには，何 J の熱を与える必要があるか。

(2) 熱効率が 0.20 の熱機関に 15 J の仕事をさせるためには，何 J の熱を与える必要があるか。

☑ e：熱効率　W〔J〕：熱機関がした仕事　Q〔J〕：熱機関が受け取った熱

検印欄

／	／	／	／	／	／
／	／	／	／	／	／
／	／	／	／	／	／
／	／	／	／	／	／
／	／	／	／	／	／
／	／	／	／	／	／
／	／	／	／	／	／

年　　組　　番　名前

リピート＆チャージ物理基礎ドリル
仕事とエネルギー／熱

解答編

実教出版

24(02)

1 仕事

例題 1 仕事

物体に 2.0 N の力を加えて，力の向きに 3.0 m 動かした。力のした仕事は何 J か。

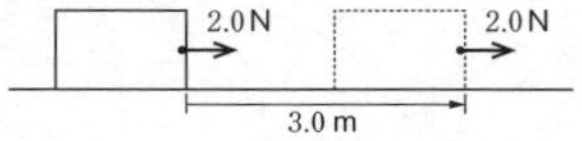

解法 物体に大きさ F[N]の力を加えて，その力の向きに x[m]動かしたとき，その力のした仕事 W[J]は

$W=Fx$

となる。$F=2.0$ N，$x=3.0$ m より

$W=Fx$
$=2.0\ \text{N}\times3.0\ \text{m}$
$=6.0$ J

答 6.0 J

1 物体に 3.0 N の力を加えて，力の向きに 3.0 m 動かした。力のした仕事は何 J か。（　）内には数値を，〔　〕内には単位を入れよ。

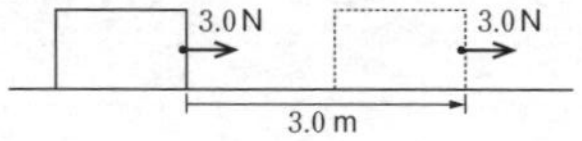

$F=$（ア 3.0 ）〔イ N 〕
$x=$（ウ 3.0 ）〔エ m 〕より
$W=Fx$
$=$（オ 3.0 ）N×（カ 3.0 ）m
$=9.0$ J

2 次のとき，力のした仕事は何 J か。

(1) 物体に 4.0 N の力を加えて，力の向きに 0.50 m 動かしたとき。

$W=Fx$
$=4.0\ \text{N}\times0.50\ \text{m}$
$=2.0$ J

2.0 J

(2) 物体に 6.0 N の力を加えて，力の向きに 2.0 m 動かしたとき。

$W=Fx$
$=6.0\ \text{N}\times2.0\ \text{m}$
$=12$ J

12 J

例題 2 移動の方向と力の方向が異なる場合の仕事

物体に水平方向から 45° の向きに 2.0 N の力を加えて，水平方向に 3.0 m 動かした。力のした仕事は何 J か。$\sqrt{2}=1.4$ とする。

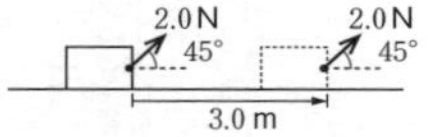

解法 力の移動方向の成分が F_x[N]のとき，力のした仕事 W[J]は

$W=F_xx$

となる。右図より，力の大きさと移動方向の分力の大きさの比は $\sqrt{2}:1$ であるので

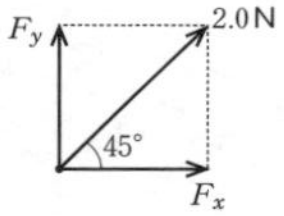

$W=F_xx$
$=2.0\ \text{N}\times\dfrac{1}{\sqrt{2}}\times3.0\ \text{m}$
$=2.0\ \text{N}\times\dfrac{\sqrt{2}}{2}\times3.0\ \text{m}$
$=2.0\ \text{N}\times\dfrac{1.4}{2}\times3.0\ \text{m}$
$=4.2$ J

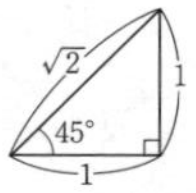

答 4.2 J

3（　）内には数値を，〔　〕内には単位を入れよ。

(1) 物体に水平方向から 60° の向きに 3.0 N の力を加えて，水平方向に 3.0 m 動かした。力のした仕事は何 J か。

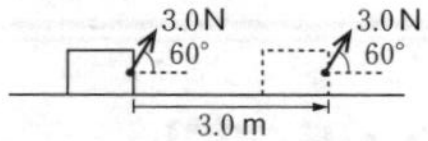

$F=$（ア 3.0 ）〔イ N 〕
$F:F_x=$（ウ 2 ）:（エ 1 ）
$x=$（オ 3.0 ）〔カ m 〕より
$W=F_xx$
$=$（キ 3.0 ）N×（ク $\frac{1}{2}$ ）×（ケ 3.0 ）m
$=4.5$ J

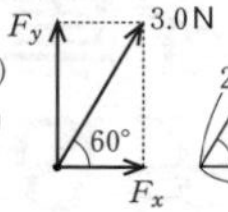

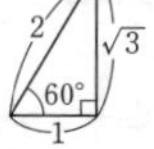

(2) 物体が水平面から 2.0 N の垂直抗力を受けながら，水平方向に 3.0 m 移動した。垂直抗力のした仕事は何 J か。

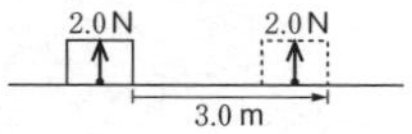

$F_x=$（コ 0 ）〔サ N 〕
$x=$（シ 3.0 ）〔ス m 〕より
$W=F_xx$
$=$（セ 0 ）N×（ソ 3.0 ）m
$=0$ J

4 次の問いに答えよ。

(1) 物体に水平方向から 30° の向きに 2.0 N の力を加えて，水平方向に 1.0 m 動かした。力のした仕事は何 J か。$\sqrt{3}=1.7$ とする。

$W=F_xx$
$=2.0\ \text{N}\times\dfrac{\sqrt{3}}{2}\times1.0\ \text{m}$
$=2.0\ \text{N}\times\dfrac{1.7}{2}\times1.0\ \text{m}$
$=1.7$ J

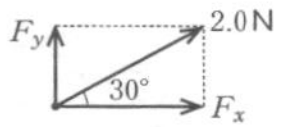

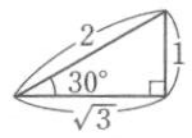

1.7 J

(2) 物体に水平方向から 45° の向きに 4.0 N の力を加えて，水平方向に 0.50 m 動かした。力のした仕事は何 J か。$\sqrt{2}=1.4$ とする。

$W=F_xx$
$=4.0\ \text{N}\times\dfrac{1}{\sqrt{2}}\times0.50\ \text{m}$
$=4.0\ \text{N}\times\dfrac{\sqrt{2}}{2}\times0.50\ \text{m}$
$=4.0\ \text{N}\times\dfrac{1.4}{2}\times0.50\ \text{m}$
$=1.4$ J

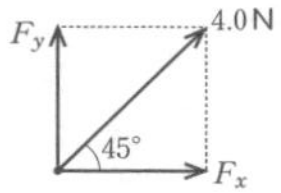

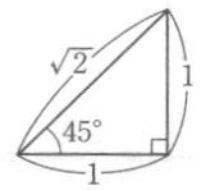

1.4 J

(3) 物体が水平面から 3.0 N の垂直抗力を受けながら，水平方向に 5.0 m 移動した。垂直抗力のした仕事は何 J か。

$W=F_xx$
$=0\ \text{N}\times5.0\ \text{m}$
$=0$ J

0 J

例題 3 移動の向きと逆向きに力がはたらく場合の仕事

質量 0.50 kg のおもりを 3.0 m 引き上げたとき，重力のした仕事は何 J か。重力加速度の大きさを 9.8 m/s² とする。

解法 移動の向きと逆向きに力がはたらくとき，力のした仕事 W[J]は，

$W=-Fx$

となる。
$m=0.50$ kg，$g=9.8\ \text{m/s}^2$，$x=3.0$ m より

$W=-Fx$
$=-mgx$
$=-0.50\ \text{kg}\times9.8\ \text{m/s}^2\times3.0\ \text{m}$
$=-14.7\ \text{J}\fallingdotseq-15$ J

答 −15 J

5 質量 2.0 kg のおもりを 1.0 m 引き上げたとき，重力のした仕事は何 J か。重力加速度の大きさを 9.8 m/s² として，（　）内には数値を，〔　〕内には単位を入れよ。

$m=$（ア 2.0 ）〔イ kg 〕
$g=$（ウ 9.8 ）〔エ m/s² 〕
$x=$（オ 1.0 ）〔カ m 〕より
$W=-Fx$
$=-mgx$
$=-$（キ 2.0 ）kg×（ク 9.8 ）m/s² ×（ケ 1.0 ）m
$=-19.6\ \text{J}\fallingdotseq-20$ J

6 質量 0.50 kg のおもりを 2.0 m 引き上げたとき，重力のした仕事は何 J か。重力加速度の大きさを 9.8 m/s² とする。

$m=0.50$ kg
$g=9.8\ \text{m/s}^2$
$x=2.0$ m より
$W=-Fx$
$=-mgx$
$=-0.50\ \text{kg}\times9.8\ \text{m/s}^2\times2.0\ \text{m}$
$=-9.8$ J

−9.8 J

☑ W[J]：仕事　F[N]：力　x[m]：移動距離

垂直抗力のする仕事は 0 J である。

2 仕事の原理・仕事率

例題 1 仕事の原理

質量 2.0 kg の物体を，1.0 m の高さまでゆっくり持ち上げる。重力加速度の大きさを 9.8 m/s^2 として，次の問いに答えよ。

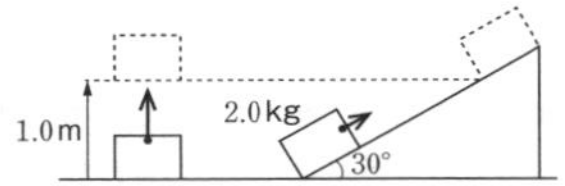

(1) 鉛直上向きに力を加えて，直接持ち上げるとき，力のした仕事は何 J か。

(2) 水平と 30° をなすなめらかな斜面を使って持ち上げるとき，斜面に沿って物体に加える力の大きさは何 N か。

(3) 斜面を使って持ち上げるとき，物体を動かす距離は何 m か，仕事の原理から求めよ。

解法 (1) 物体に働く重力と等しい大きさの力を加える必要がある。

$m=2.0$ kg，$g=9.8$ m/s^2，$x=1.0$ m より

$W=Fx$
$=mgx$
$=2.0$ kg$\times9.8$ m/s$^2\times1.0$ m
$=19.6$ J$\fallingdotseq20$ J　**答 20 J**

(2) 物体に働く重力の斜面方向の分力と等しい大きさの力を加える必要がある。

$m=2.0$ kg，$g=9.8$ m/s^2，$\theta=30°$ より

$F=mg\sin\theta$
$=2.0$ kg$\times9.8$ m/s$^2\times\sin30°$
$=19.6$ N$\times\frac{1}{2}=9.8$ N　**答 9.8 N**

(3) 仕事の原理より，斜面などの道具を使っても仕事の量は変わらない。

$W=19.6$ J，$F=9.8$ N より

$W=Fx$
19.6 J$=9.8$ N$\times x$
$x=2.0$ m　**答 2.0 m**

1 質量 2.0 kg の物体を，3.0 m の高さまでゆっくり持ち上げる。重力加速度の大きさを 9.8 m/s^2 として，(　)内には数値を，〔　〕内には単位を入れよ。

(1) 鉛直上向きに力を加えて，直接持ち上げるとき，力のした仕事は何 J か。

$m=$(ア 2.0)〔イ kg 〕
$g=$(ウ 9.8)〔エ m/s^2 〕
$x=$(オ 3.0)〔カ m 〕より

$W=Fx$
$=mgx$
$=$(キ 2.0)kg$\times$(ク 9.8)m/s^2$\times$(ケ 3.0)m
$=58.8$ J$\fallingdotseq59$ J

(2) 水平と 30° をなすなめらかな斜面を使って持ち上げるとき，斜面に沿って物体に加える力の大きさは何 N か。

$m=$(コ 2.0)〔サ kg 〕
$g=$(シ 9.8)〔ス m/s^2 〕
$\theta=$(セ 30)° より

$F=mg\sin\theta$
$=$(ソ 2.0)kg$\times$(タ 9.8)m/s^2$\times\sin$(チ 30)°
$=19.6$ N$\times\frac{1}{2}=9.8$ N

(3) 斜面を使って持ち上げるとき，物体を動かす距離は何 m か，仕事の原理から求めよ。

$W=$(ツ 58.8)〔テ J 〕
$F=$(ト 9.8)〔ナ N 〕より

$W=Fx$
(ニ 58.8)J$=$(ヌ 9.8)N$\times x$
$x=6.0$ m

2 質量 2.0 kg の物体を，2.0 m の高さまでゆっくり持ち上げる。重力加速度の大きさを 9.8 m/s^2 として，次の問いに答えよ。

(1) 鉛直上向きに力を加えて，直接持ち上げるとき，力のした仕事は何 J か。

$W=Fx$
$=mgx$
$=2.0$ kg$\times9.8$ m/s$^2\times2.0$ m
$=39.2$ J$\fallingdotseq39$ J

39 J

(2) 水平と 30° をなすなめらかな斜面を使って持ち上げるとき，斜面に沿って物体に加える力の大きさは何 N か。

$F=mg\sin\theta$
$=2.0$ kg$\times9.8$ m/s$^2\times\sin30°$
$=19.6$ N$\times\frac{1}{2}$
$=9.8$ N

9.8 N

(3) 斜面を使って持ち上げるとき，物体を動かす距離は何 m か，仕事の原理から求めよ。

$W=Fx$
39.2 J$=9.8$ N$\times x$
$x=4.0$ m

4.0 m

例題 2 仕事率

(1) 60 J の仕事をするのに 12 秒かかったときの仕事率は何 W か。

(2) 2.0 W の仕事率で 15 秒間仕事をした。仕事は何 J か。

解法 (1) W〔J〕の仕事をするのに t〔s〕かかったときの仕事率 P〔W〕は

$P=\frac{W}{t}$

となる。$W=60$ J，$t=12$ s より

$P=\frac{W}{t}$
$=\frac{60\text{ J}}{12\text{ s}}$
$=5.0$ W　**答 5.0 W**

(2) $P=2.0$ W，$t=15$ s より

$P=\frac{W}{t}$
$2.0\text{ W}=\frac{W}{15\text{ s}}$
$W=2.0$ W$\times15$ s$=30$ J　**答 30 J**

3 (　)内には数値を，〔　〕内には単位を入れよ。

(1) 40 J の仕事をするのに 4.0 秒かかったときの仕事率は何 W か。

$W=$(ア 40)〔イ J 〕
$t=$(ウ 4.0)〔エ s 〕より

$P=\frac{W}{t}$
$=\frac{(オ\ 40\ )\text{J}}{(カ\ 4.0\ )\text{s}}$
$=10$ W

(2) 6.0 W の仕事率で 10 秒間仕事をした。仕事は何 J か。

$P=$(キ 6.0)〔ク W 〕
$t=$(ケ 10)〔コ s 〕より

$P=\frac{W}{t}$
(サ 6.0)W$=\frac{W}{(シ\ 10\ )\text{s}}$
$W=60$ J

4 次の問いに答えよ。

(1) 40 J の仕事をするのに 8.0 秒かかったときの仕事率は何 W か。

$P=\frac{W}{t}$
$=\frac{40\text{ J}}{8.0\text{ s}}$
$=5.0$ W

5.0 W

(2) 6.0 W の仕事率で 5.0 秒間仕事をした。仕事は何 J か。

$P=\frac{W}{t}$
$6.0\text{ W}=\frac{W}{5.0\text{ s}}$
$W=30$ J

30 J

例題 3 仕事率と速度

物体に 3.0 N の力を加えて，力の向きに 2.0 m/s の一定の速さで動かした。この力の仕事率は何 W か。

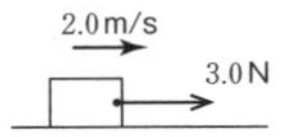

解法 物体に F〔N〕の力を加えて，力の向きに一定の速さ v〔m/s〕で動かすときの仕事率 P〔W〕は

$P=Fv$

となる。$F=3.0$ N，$v=2.0$ m/s より

$P=Fv$
$=3.0$ N$\times2.0$ m/s
$=6.0$ W　**答 6.0 W**

5 物体に 5.0 N の力を加えて，力の向きに 0.80 m/s の一定の速さで動かした。この力の仕事率は何 W か。(　)内には数値を，〔　〕内には単位を入れよ。

$F=$(ア 5.0)〔イ N 〕
$v=$(ウ 0.80)〔エ m/s 〕より

$P=Fv$
$=$(オ 5.0)N$\times$(カ 0.80)m/s
$=4.0$ W

6 物体に 2.0 N の力を加えて，力の向きに 1.0 m/s の一定の速さで動かした。この力の仕事率は何 W か。

$P=Fv$
$=2.0$ N$\times1.0$ m/s
$=2.0$ W

2.0 W

 仕事の原理…道具を使うと必要な力は小さくできるが，仕事の量は変わらない。

☑ P〔W〕: 仕事率　W〔J〕: 仕事　t〔s〕: 時間

3 運動エネルギー

例題 1 運動エネルギー

(1) 速さ 2.0 m/s，質量 3.0 kg の物体のもつ運動エネルギーは何 J か。

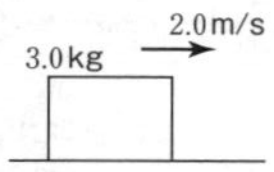

(2) (1)の物体の速さが 2 倍になると，運動エネルギーは何倍になるか。

解法 (1) 速さ v[m/s]で運動する質量 m[kg]の物体がもつ運動エネルギー K[J]は

$$K=\frac{1}{2}mv^2$$

となる。$m=3.0$ kg，$v=2.0$ m/s より

$K=\frac{1}{2}mv^2$

$=\frac{1}{2}\times3.0\times2.0^2$

$=6.0$ J　　**答 6.0 J**

(2) 速さが 2 倍なので，$m=3.0$ kg，$v=4.0$ m/s より

$K=\frac{1}{2}mv^2$

$=\frac{1}{2}\times3.0\times4.0^2$

$=24$ J

よって，(1)の 4 倍である。　　**答 4 倍**

1 (　　)内には数値を，〔　　〕内には単位を入れよ。

(1) 速さ 1.0 m/s，質量 2.0 kg の物体のもつ運動エネルギーは何 J か。

$m=$(ア 2.0)〔イ kg〕

$v=$(ウ 1.0)〔エ m/s〕より

$K=\frac{1}{2}mv^2$

$=\frac{1}{2}\times$(オ 2.0)$\times$(カ 1.0)^2

$=1.0$ J

(2) (1)の物体の速さが 3 倍になると，運動エネルギーは何倍になるか。

$m=$(キ 2.0)〔ク kg〕

$v=$(ケ 3.0)〔コ m/s〕より

$K=\frac{1}{2}mv^2$

$=\frac{1}{2}\times$(サ 2.0)$\times$(シ 3.0)^2

$=9.0$ J

よって，(1)の 9 倍である。

2 次の問いに答えよ。

(1) 速さ 2.0 m/s，質量 5.0 kg の物体のもつ運動エネルギーは何 J か。

$K=\frac{1}{2}mv^2$

$=\frac{1}{2}\times5.0\times2.0^2$

$=10$ J　　10 J

(2) (1)の物体の速さが 2 倍になると，運動エネルギーは何倍になるか。

$K=\frac{1}{2}mv^2$

$=\frac{1}{2}\times5.0\times4.0^2$

$=40$ J

よって，(1)の 4 倍である。　　4 倍

例題 2 運動エネルギーと仕事①

質量 2.0 kg，速さ 1.0 m/s の物体が仕事をされ，速さが 2.0 m/s になった。物体がされた仕事は何 J か。

解法 質量 m[kg]，速さ v_0[m/s]の物体が，W[J]の仕事をされ，速さが v[m/s]になったとき，物体のもつ運動エネルギーは物体がされた仕事の分だけ変化する。

$$\frac{1}{2}mv^2-\frac{1}{2}mv_0^2=W$$

$m=2.0$ kg，$v_0=1.0$ m/s，$v=2.0$ m/s より

$\frac{1}{2}mv^2-\frac{1}{2}mv_0^2=W$

$\frac{1}{2}\times2.0\times2.0^2-\frac{1}{2}\times2.0\times1.0^2=W$

$W=3.0$ J　　**答 3.0 J**

3 質量 1.0 kg，速さ 2.0 m/s の物体が仕事をされ，速さが 3.0 m/s になった。物体がされた仕事は何 J か。(　　)内には数値を，〔　　〕内には単位を入れよ。

$m=$(ア 1.0)〔イ kg〕

$v_0=$(ウ 2.0)〔エ m/s〕

$v=$(オ 3.0)〔カ m/s〕より

$\frac{1}{2}mv^2-\frac{1}{2}mv_0^2=W$

$\frac{1}{2}\times$(キ 1.0)$\times$(ク 3.0)^2

$-\frac{1}{2}\times$(ケ 1.0)$\times$(コ 2.0)$^2=W$

$W=2.5$ J

4 次の問いに答えよ。

(1) 質量 4.0 kg，速さ 1.0 m/s の物体が仕事をされ，速さが 2.0 m/s になった。物体がされた仕事は何 J か。

$\frac{1}{2}mv^2-\frac{1}{2}mv_0^2=W$

$\frac{1}{2}\times4.0\times2.0^2-\frac{1}{2}\times4.0\times1.0^2=W$

$W=6.0$ J　　6.0 J

(2) 質量 2.0 kg，速さ 2.0 m/s の物体が仕事をされ，速さが 3.0 m/s になった。物体がされた仕事は何 J か。

$\frac{1}{2}mv^2-\frac{1}{2}mv_0^2=W$

$\frac{1}{2}\times2.0\times3.0^2-\frac{1}{2}\times2.0\times2.0^2=W$

$W=5.0$ J　　5.0 J

例題 3 運動エネルギーと仕事②

質量 2.0 kg の物体が，右向きに 5.0 m/s の速さで進んでいる。物体が 3.0 m 移動する間，右向きに 8.0 N の力を加え続けた。物体の速さは何 m/s になるか。

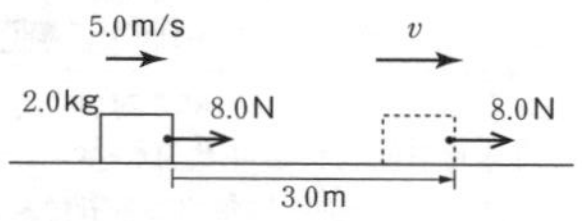

解法 物体がされた仕事 W[J]は $W=Fx$ なので，$m=2.0$ kg，$v_0=5.0$ m/s，$F=8.0$ N，$x=3.0$ m より

$\frac{1}{2}mv^2-\frac{1}{2}mv_0^2=W$

$\frac{1}{2}mv^2-\frac{1}{2}mv_0^2=Fx$

$\frac{1}{2}\times2.0\times v^2-\frac{1}{2}\times2.0\times5.0^2=8.0\times3.0$

$v^2=49$

よって，$v=7.0$ m/s　　**答 7.0 m/s**

5 質量 2.0 kg の物体が，右向きに 2.0 m/s の速さで進んでいる。物体が 3.0 m 移動する間，右向きに 7.0 N の力を加え続けた。物体の速さは何 m/s になるか。(　　)内には数値を，〔　　〕内には単位を入れよ。

$m=$(ア 2.0)〔イ kg〕

$v_0=$(ウ 2.0)〔エ m/s〕

$F=$(オ 7.0)〔カ N〕

$x=$(キ 3.0)〔ク m〕より

$\frac{1}{2}mv^2-\frac{1}{2}mv_0^2=W$

$\frac{1}{2}mv^2-\frac{1}{2}mv_0^2=Fx$

$\frac{1}{2}\times$(ケ 2.0)$\times v^2-\frac{1}{2}\times$(コ 2.0)$\times$(サ 2.0)^2

$=$(シ 7.0)$\times$(ス 3.0)

$v^2=25$

よって，$v=5.0$ m/s

6 次の問いに答えよ。

(1) 質量 2.0 kg の物体が，右向きに 2.0 m/s の速さで進んでいる。物体が 3.0 m 移動する間，右向きに 4.0 N の力を加え続けた。物体の速さは何 m/s になるか。

$\frac{1}{2}mv^2-\frac{1}{2}mv_0^2=W$

$\frac{1}{2}mv^2-\frac{1}{2}mv_0^2=Fx$

$\frac{1}{2}\times2.0\times v^2-\frac{1}{2}\times2.0\times2.0^2=4.0\times3.0$

$v^2=16$

$v=4.0$ m/s　　4.0 m/s

(2) 質量 1.0 kg の物体が，右向きに 2.0 m/s の速さで進んでいる。物体が 2.0 m 移動する間，右向きに 8.0 N の力を加え続けた。物体の速さは何 m/s になるか。

$\frac{1}{2}mv^2-\frac{1}{2}mv_0^2=W$

$\frac{1}{2}mv^2-\frac{1}{2}mv_0^2=Fx$

$\frac{1}{2}\times1.0\times v^2-\frac{1}{2}\times1.0\times2.0^2=8.0\times2.0$

$v^2=36$

$v=6.0$ m/s　　6.0 m/s

4 位置エネルギー

例題 1 重力による位置エネルギー

質量 2.0 kg の物体が，高さ 1.0 m の机の上にある。次のとき，物体のもつ重力による位置エネルギーは何 J か。

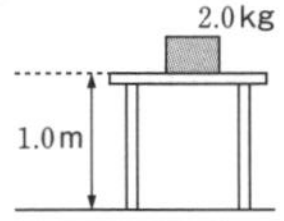

重力加速度の大きさを 9.8 m/s^2 とする。
(1) 基準面を床にとったとき。
(2) 基準面を机の高さにとったとき。
(3) 基準面を床から 2.0 m の高さにとったとき。

解法 質量 m〔kg〕の物体が高さ h〔m〕の位置にあるとき，重力加速度の大きさを g〔m/s^2〕とすると，重力による位置エネルギー U〔J〕は，

$$U=mgh$$

となる。

(1) $m=2.0$ kg，$g=9.8$ m/s^2，$h=1.0$ m より
$U=mgh$
$=2.0\ \mathrm{kg}\times9.8\ \mathrm{m/s^2}\times1.0\ \mathrm{m}$
$=19.6\ \mathrm{J}\fallingdotseq20\ \mathrm{J}$ 　**答 20 J**

(2) $m=2.0$ kg，$g=9.8$ m/s^2，$h=0$ m より
$U=mgh$
$=2.0\ \mathrm{kg}\times9.8\ \mathrm{m/s^2}\times0\ \mathrm{m}$
$=0$ J 　**答 0 J**

(3) 物体が -1.0 m の高さにあると考える。
$m=2.0$ kg，$g=9.8$ m/s^2，$h=-1.0$ m より
$U=mgh$
$=2.0\ \mathrm{kg}\times9.8\ \mathrm{m/s^2}\times(-1.0\ \mathrm{m})$
$=-19.6\ \mathrm{J}\fallingdotseq-20\ \mathrm{J}$ 　**答 −20 J**

1 質量 0.50 kg の物体が，床から 3.0 m の高さにある。次のとき，物体のもつ重力による位置エネルギーは何 J か。重力加速度の大きさを 9.8 m/s^2 として，（　）内には数値を，〔　〕内には単位を入れよ。

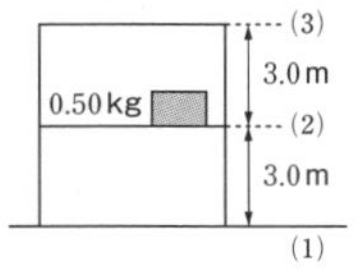

(1) 基準面を床にとったとき。
$m=$（ア 0.50 ）〔イ kg 〕
$g=$（ウ 9.8 ）〔エ m/s^2 〕
$h=$（オ 3.0 ）〔カ m 〕より
$U=mgh$
$=$（キ 0.50 ）kg×（ク 9.8 ）m/s^2×（ケ 3.0 ）m
$=14.7\ \mathrm{J}\fallingdotseq15\ \mathrm{J}$

(2) 基準面を床から 3.0 m の高さにとったとき。
$m=$（コ 0.50 ）〔サ kg 〕
$g=$（シ 9.8 ）〔ス m/s^2 〕
$h=$（セ 0 ）〔ソ m 〕より
$U=mgh$
$=$（タ 0.50 ）kg×（チ 9.8 ）m/s^2×（ツ 0 ）m
$=0$ J

(3) 基準面を床から 6.0 m の高さにとったとき。
$m=$（テ 0.50 ）〔ト kg 〕
$g=$（ナ 9.8 ）〔ニ m/s^2 〕
$h=$（ヌ −3.0 ）〔ネ m 〕より
$U=mgh$
$=$（ノ 0.50）kg×（ハ 9.8）m/s^2×（ヒ（−3.0））m
$=-14.7\ \mathrm{J}\fallingdotseq-15\ \mathrm{J}$

2 質量 1.0 kg の物体が，床から 0.50 m の高さにある。次のとき，物体のもつ重力による位置エネルギーは何 J か。

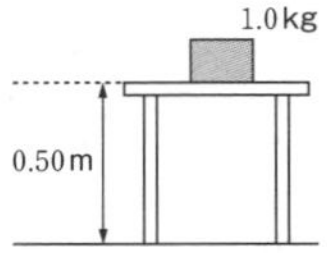

重力加速度の大きさを 9.8 m/s^2 とする。

(1) 基準面を床にとったとき。
$U=mgh$
$=1.0\ \mathrm{kg}\times9.8\ \mathrm{m/s^2}\times0.50\ \mathrm{m}$
$=4.9$ J

4.9 J

(2) 基準面を床から0.50 mの高さにとったとき。
$U=mgh$
$=1.0\ \mathrm{kg}\times9.8\ \mathrm{m/s^2}\times0\ \mathrm{m}$
$=0$ J

0 J

(3) 基準面を床から 1.0 m の高さにとったとき。
物体が -0.50 m の高さにあると考える。
$U=mgh$
$=1.0\ \mathrm{kg}\times9.8\ \mathrm{m/s^2}\times(-0.50\ \mathrm{m})$
$=-4.9$ J

−4.9 J

例題 2 弾性力による位置エネルギー

ばね定数が 200 N/m のばねに物体をつなぎ，ばねを 0.10 m 伸ばしたとき，物体のもつ弾性力による位置エネルギーは何 J か。

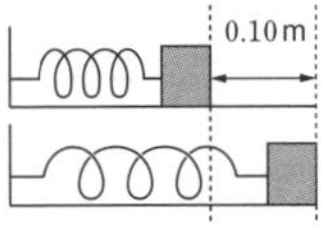

解法 ばね定数 k〔N/m〕，変形量 x〔m〕のばねにつながれた物体のもつ弾性力による位置エネルギー U〔J〕は

$$U=\frac{1}{2}kx^2$$

となる。$k=200$ N/m，$x=0.10$ m より
$U=\frac{1}{2}kx^2$
$=\frac{1}{2}\times200\ \mathrm{N/m}\times(0.10\ \mathrm{m})^2$
$=1.0$ J 　**答 1.0 J**

3 ばね定数が 300 N/m のばねに物体をつなぎ，ばねを 0.20 m 伸ばしたとき，物体のもつ弾性力による位置エネルギーは何 J か。（　）内には数値を，〔　〕内には単位を入れよ。
$k=$（ア 300 ）〔イ N/m 〕
$x=$（ウ 0.20 ）〔エ m 〕より
$U=\frac{1}{2}kx^2$
$=\frac{1}{2}\times$（オ 300 ）N/m×((カ 0.20 ）m)^2
$=6.0$ J

4 次の問いに答えよ。
(1) ばね定数が 100 N/m のばねに物体をつなぎ，ばねを 0.10 m 伸ばしたとき，物体のもつ弾性力による位置エネルギーは何 J か。
$U=\frac{1}{2}kx^2$
$=\frac{1}{2}\times100\ \mathrm{N/m}\times(0.10\ \mathrm{m})^2$
$=0.50$ J

0.50 J

(2) ばね定数が 200 N/m のばねに物体をつなぎ，ばねを 0.20 m 伸ばしたとき，物体のもつ弾性力による位置エネルギーは何 J か。
$U=\frac{1}{2}kx^2$
$=\frac{1}{2}\times200\ \mathrm{N/m}\times(0.20\ \mathrm{m})^2$
$=4.0$ J

4.0 J

例題 3 弾性力による位置エネルギーと仕事

ばね定数が 50 N/m のばねに物体がつながれている。ばねが自然長の状態で物体に 0.25 J の仕事をすると，物体の変位は何 m になるか。

解法 ばね定数 k〔N/m〕のばねにつないだ物体を x〔m〕だけ変位させるのに必要な仕事 W〔J〕は

$$W=\frac{1}{2}kx^2$$

となる。$W=0.25$ J，$k=50$ N/m より
$W=\frac{1}{2}kx^2$
$0.25\ \mathrm{J}=\frac{1}{2}\times50\ \mathrm{N/m}\times x^2$
$x^2=0.010$
よって，$x=0.10$ m 　**答 0.10 m**

5 ばね定数が 400 N/m のばねに物体がつながれている。ばねが自然長の状態で物体に 50 J の仕事をすると，物体の変位は何 m になるか。（　）内には数値を，〔　〕内には単位を入れよ。
$W=$（ア 50 ）〔イ J 〕
$k=$（ウ 400 ）〔エ N/m 〕より
$W=\frac{1}{2}kx^2$
（オ 50 ）J$=\frac{1}{2}\times$（カ 400 ）N/m×x^2
$x^2=0.25$ 　よって，$x=0.50$ m

6 次の問いに答えよ。
(1) ばね定数が 100 N/m のばねに物体がつながれている。ばねが自然長の状態で物体に 2.0 J の仕事をすると，物体の変位は何 m になるか。
$W=\frac{1}{2}kx^2$
$2.0\ \mathrm{J}=\frac{1}{2}\times100\ \mathrm{N/m}\times x^2$
$x^2=0.040$ 　よって，$x=0.20$ m

0.20 m

(2) ばね定数が 200 N/m のばねに物体がつながれている。ばねが自然長の状態で物体に 9.0 J の仕事をすると，物体の変位は何 m になるか。
$W=\frac{1}{2}kx^2$
$9.0\ \mathrm{J}=\frac{1}{2}\times200\ \mathrm{N/m}\times x^2$
$x^2=0.090$ 　よって，$x=0.30$ m

0.30 m

5 力学的エネルギー保存の法則①

例題 1 重力だけを受ける物体の運動

質量 2.0 kg の物体を 10 m の高さから自由落下させた。重力加速度の大きさを 9.8 m/s^2，重力による位置エネルギーの基準面を地面として，次の問いに答えよ。

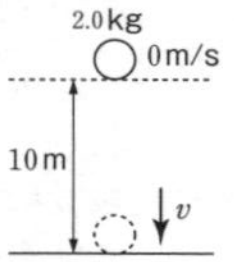

(1) 自由落下をはじめた直後の力学的エネルギーは何 J か。
(2) 地面に達する直前の力学的エネルギーは何 J か。
(3) 地面に達する直前の速さは何 m/s か。

解法 (1) 重力だけを受けて運動する物体の力学的エネルギー E は，運動エネルギー $K=\frac{1}{2}mv^2$ と重力による位置エネルギー $U=mgh$ の和である。
自由落下をはじめた直後の速さは 0 m/s であるから，$m=2.0$ kg，$v=0$ m/s，$g=9.8$ m/s^2，$h=10$ m より

$E=K+U$
$=\frac{1}{2}mv^2+mgh$
$=\frac{1}{2}\times2.0\times0^2+2.0\times9.8\times10$
$=0+196$
$=196\fallingdotseq2.0\times10^2$ J 　　**答 2.0×10^2 J**

(2) 自由落下運動では，重力だけが仕事をするので，力学的エネルギーは保存される（力学的エネルギー保存の法則）。
よって，地面に達する直前の力学的エネルギーは，自由落下をはじめた直後の力学的エネルギーと等しい。 **答 2.0×10^2 J**

(3) 地面に達する直前の力学的エネルギーを考える。$E=196$ J，$m=2.0$ kg，$g=9.8$ m/s^2，$h=0$ m より

$E=K+U$
$E=\frac{1}{2}mv^2+mgh$
$196=\frac{1}{2}\times2.0\times v^2+2.0\times9.8\times0$
$v=14$ m/s 　　**答 14 m/s**

（計算） $v^2=196$
$v=\sqrt{196}=\sqrt{14^2}=14$

1 質量 1.0 kg の物体を 4.9 m の高さから自由落下させた。重力加速度の大きさを 9.8 m/s^2，重力による位置エネルギーの基準面を地面として，（　）内には数値を，〔　〕内には単位を入れよ。

(1) 自由落下をはじめた直後の力学的エネルギーは何 J か。

$m=$(ア 1.0)〔イ kg〕
$v=$(ウ 0)〔エ m/s〕
$g=$(オ 9.8)〔カ m/s^2〕
$h=$(キ 4.9)〔ク m〕より

$E=K+U$
$=\frac{1}{2}mv^2+mgh$
$=\frac{1}{2}\times$(ケ 1.0)$\times$(コ 0)^2
　　$+$(サ 1.0)$\times$(シ 9.8)$\times$(ス 4.9)
$=0+48.0$
$=48.0\fallingdotseq48$ J

(2) 地面に達する直前の力学的エネルギーは何 J か。

力学的エネルギー保存の法則より，地面に達する直前の力学的エネルギーは，自由落下をはじめた直後の力学的エネルギーと等しい。
よって，(セ 48) J である。

(3) 地面に達する直前の速さは何 m/s か。

$E=$(ソ 48.0)〔タ J〕
$m=$(チ 1.0)〔ツ kg〕
$g=$(テ 9.8)〔ト m/s^2〕
$h=$(ナ 0)〔ニ m〕より

$E=K+U$
$E=\frac{1}{2}mv^2+mgh$
(ヌ 48.0)$=\frac{1}{2}\times$(ネ 1.0)$\times v^2$
　　$+$(ノ 1.0)$\times$(ハ 9.8)$\times$(ヒ 0)
$v=9.8$ m/s

2 質量 1.0 kg の物体を 2.5 m の高さから自由落下させた。重力加速度の大きさを 9.8 m/s^2，重力による位置エネルギーの基準面を地面として，次の問いに答えよ。

(1) 自由落下をはじめた直後の力学的エネルギーは何 J か。

$E=K+U$
$=\frac{1}{2}mv^2+mgh$
$=\frac{1}{2}\times1.0\times0^2+1.0\times9.8\times2.5$
$=0+24.5$
$=24.5\fallingdotseq25$ J 　　25 J

(2) 地面に達する直前の力学的エネルギーは何 J か。

力学的エネルギー保存の法則より，25 J である。 　　25 J

(3) 地面に達する直前の速さは何 m/s か。

$E=K+U$
$E=\frac{1}{2}mv^2+mgh$
$24.5=\frac{1}{2}\times1.0\times v^2+1.0\times9.8\times0$
$v=7.0$ m/s 　　7.0 m/s

例題 2 振り子の運動

質量 0.50 kg の物体を 0.40 m の糸につなぎ，糸が水平方向になる高さから静かにはなした。物体が最下点を通過するときの速さは何 m/s か。重力加速度の大きさを 9.8 m/s^2，重力による位置エネルギーの基準面を振り子の最下点とする。

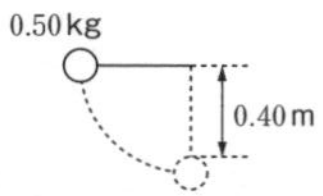

解法 張力は運動の方向と常に垂直に働くので，仕事をするのは重力だけである。よって，物体の力学的エネルギーは保存されるので，はじめの力学的エネルギー E_1〔J〕と最下点での力学的エネルギー E_2〔J〕は等しい。
$m=0.50$ kg，$g=9.8$ m/s^2，$v_1=0$ m/s，$h_1=0.40$ m，$h_2=0$ m より

$E_1=E_2$
$K_1+U_1=K_2+U_2$
$\frac{1}{2}mv_1{}^2+mgh_1=\frac{1}{2}mv_2{}^2+mgh_2$
$\frac{1}{2}\times0.50\times0^2+0.50\times9.8\times0.40$
$=\frac{1}{2}\times0.50\times v_2{}^2+0.50\times9.8\times0$
$v_2=2.8$ m/s 　　**答 2.8 m/s**

（計算） $v_2{}^2=7.84$
$v_2=\sqrt{7.84}=\sqrt{2.8^2}=2.8$

3 質量 1.0 kg の物体を 0.90 m の糸につなぎ，糸が水平方向になる高さから静かにはなした。物体が最下点を通過するときの速さは何 m/s か。重力加速度の大きさを 9.8 m/s^2，重力による位置エネルギーの基準面を振り子の最下点として，（　）内には数値を，〔　〕内には単位を入れよ。

振り子の運動では，力学的エネルギー保存の法則がなりたつ。

$m=$(ア 1.0)〔イ kg〕
$g=$(ウ 9.8)〔エ m/s^2〕
$v_1=$(オ 0)〔カ m/s〕
$h_1=$(キ 0.90)〔ク m〕
$h_2=$(ケ 0)〔コ m〕より

$E_1=E_2$
$K_1+U_1=K_2+U_2$
$\frac{1}{2}mv_1{}^2+mgh_1=\frac{1}{2}mv_2{}^2+mgh_2$
$\frac{1}{2}\times$(サ 1.0)$\times$(シ 0)^2
　　$+$(ス 1.0)$\times$(セ 9.8)$\times$(ソ 0.90)
$=\frac{1}{2}\times$(タ 1.0)$\times v_2{}^2$
　　$+$(チ 1.0)$\times$(ツ 9.8)$\times$(テ 0)
$v_2=4.2$ m/s

4 質量 2.0 kg の物体を 0.40 m の糸につなぎ，糸が水平方向になる高さから静かにはなした。物体が最下点を通過するときの速さは何 m/s か。重力加速度の大きさを 9.8 m/s^2，重力による位置エネルギーの基準面を振り子の最下点とする。

力学的エネルギー保存の法則より

$E_1=E_2$
$K_1+U_1=K_2+U_2$
$\frac{1}{2}mv_1{}^2+mgh_1=\frac{1}{2}mv_2{}^2+mgh_2$
$\frac{1}{2}\times2.0\times0^2+2.0\times9.8\times0.40$
$=\frac{1}{2}\times2.0\times v_2{}^2+2.0\times9.8\times0$
$v_2=2.8$ m/s

2.8 m/s

6 力学的エネルギー保存の法則②

例題 1　ばねにつながれた物体の運動

壁に固定したばね定数 25 N/m のばねの一端に質量 4.0 kg の物体を取り付け，ばねを自然長より 0.20 m 縮めて手をはなした。

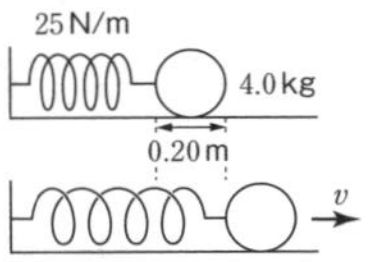

(1) 手をはなしたときの物体の力学的エネルギーは何 J か。

(2) ばねが自然長になったときの物体の力学的エネルギーは何 J か。

(3) ばねが自然長になったときの物体の速さは何 m/s か。

解法　(1) ばねにつながれて運動する物体の力学的エネルギー E は，運動エネルギー $K=\frac{1}{2}mv^2$ と弾性力による位置エネルギー $U=\frac{1}{2}kx^2$ の和である。手をはなしたときの速さは 0 m/s であるから，$m=4.0$ kg，$v=0$ m/s，$k=25$ N/m，$x=0.20$ m より

$E=K+U$

$=\frac{1}{2}mv^2+\frac{1}{2}kx^2$

$=\frac{1}{2}\times4.0\times0^2+\frac{1}{2}\times25\times0.20^2$

$=0+0.50$

$=0.50$ J　　**答 0.50 J**

(2) ばねにつながれた物体の運動では，弾性力だけが仕事をするので，力学的エネルギーは保存される（力学的エネルギー保存の法則）。

よって，ばねが自然長になったときの力学的エネルギーは，手をはなしたときの力学的エネルギーと等しい。　　**答 0.50 J**

(3) ばねが自然長になったときの力学的エネルギーを考える。$E=0.50$ J，$m=4.0$ kg，$k=25$ N/m，$x=0$ m より

$E=K+U$

$E=\frac{1}{2}mv^2+\frac{1}{2}kx^2$

$0.50=\frac{1}{2}\times4.0\times v^2+\frac{1}{2}\times25\times0^2$

$v=0.50$ m/s　　**答 0.50 m/s**

（計算）　$v^2=0.25$

$v=\sqrt{0.25}=\sqrt{0.50^2}=0.50$

1 壁に固定したばね定数 100 N/m のばねの一端に質量 1.0 kg の物体を取り付け，ばねを自然長より 0.20 m 縮めて手をはなした。（　）内には数値を，〔　〕内には単位を入れよ。

(1) 手をはなしたときの物体の力学的エネルギーは何 J か。

$m=$（ア 1.0 ）〔イ kg 〕

$v=$（ウ 0 ）〔エ m/s 〕

$k=$（オ 100 ）〔カ N/m 〕

$x=$（キ 0.20 ）〔ク m 〕より

$E=K+U$

$=\frac{1}{2}mv^2+\frac{1}{2}kx^2$

$=\frac{1}{2}\times$（ケ 1.0 ）$\times$（コ 0 ）^{2}

$+\frac{1}{2}\times$（サ 100 ）$\times$（シ 0.20 ）^{2}

$=0+2.0$

$=2.0$ J

(2) ばねが自然長になったときの物体の力学的エネルギーは何 J か。

力学的エネルギー保存の法則より，ばねが自然長になったときの力学的エネルギーは，手をはなしたときの力学的エネルギーと等しい。

よって，（ス 2.0 ）J である。

(3) ばねが自然長になったときの物体の速さは何 m/s か。

$E=$（セ 2.0 ）〔ソ J 〕

$m=$（タ 1.0 ）〔チ kg 〕

$k=$（ツ 100 ）〔テ N/m 〕

$x=$（ト 0 ）〔ナ m 〕より

$E=K+U$

$E=\frac{1}{2}mv^2+\frac{1}{2}kx^2$

（ニ 2.0 ）$=\frac{1}{2}\times$（ヌ 1.0 ）$\times v^2$

$+\frac{1}{2}\times$（ネ 100 ）$\times$（ノ 0 ）^{2}

$v=2.0$ m/s

2 壁に固定したばね定数 50 N/m のばねの一端に質量 0.50 kg の物体を取り付け，ばねを自然長より 0.10 m 縮めて手をはなした。

(1) 手をはなしたときの物体の力学的エネルギーは何 J か。

$E=K+U$

$=\frac{1}{2}mv^2+\frac{1}{2}kx^2$

$=\frac{1}{2}\times0.50\times0^2+\frac{1}{2}\times50\times0.10^2$

$=0+0.25$

$=0.25$ J　　0.25 J

(2) ばねが自然長になったときの物体の力学的エネルギーは何 J か。

力学的エネルギー保存の法則より，0.25 J である。　　0.25 J

(3) ばねが自然長になったときの物体の速さは何 m/s か。

$E=K+U$

$E=\frac{1}{2}mv^2+\frac{1}{2}kx^2$

$0.25=\frac{1}{2}\times0.50\times v^2+\frac{1}{2}\times50\times0^2$

$v=1.0$ m/s　　1.0 m/s

例題 2　ばねに衝突する物体

ばね定数 200 N/m のばねの一端を固定し，質量 2.0 kg の物体を速さ 2.0 m/s でばねに衝突させた。ばねの縮みは最大で何 m か。衝突する前のばねは自然長の状態である。

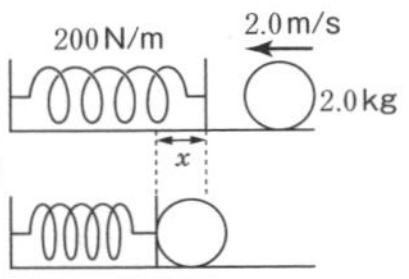

解法　力学的エネルギーが保存されるので，ばねに衝突する前の力学的エネルギー E_1〔J〕とばねの縮み x〔m〕が最大になるときの力学的エネルギー E_2〔J〕は等しい。

$m=2.0$ kg，$v_1=2.0$ m/s，$k=200$ N/m，$x_1=0$ m，$v_2=0$ m/s より

$E_1=E_2$

$K_1+U_1=K_2+U_2$

$\frac{1}{2}mv_1^2+\frac{1}{2}kx_1^2=\frac{1}{2}mv_2^2+\frac{1}{2}kx_2^2$

$\frac{1}{2}\times2.0\times2.0^2+\frac{1}{2}\times200\times0^2$

$=\frac{1}{2}\times2.0\times0^2+\frac{1}{2}\times200\times x_2^2$

$x_2=0.20$ m　　**答 0.20 m**

3 ばね定数 200 N/m のばねの一端を固定し，質量 0.50 kg の物体を速さ 2.0 m/s でばねに衝突させた。ばねの縮みは最大で何 m か。衝突する前のばねは自然長の状態であるとして，（　）内には数値を，〔　〕内には単位を入れよ。

ばねにつながれた物体の運動では，力学的エネルギー保存の法則がなりたつ。

$m=$（ア 0.50 ）〔イ kg 〕

$v_1=$（ウ 2.0 ）〔エ m/s 〕

$k=$（オ 200 ）〔カ N/m 〕

$x_1=$（キ 0 ）〔ク m 〕

$v_2=$（ケ 0 ）〔コ m/s 〕より

$K_1+U_1=K_2+U_2$

$\frac{1}{2}mv_1^2+\frac{1}{2}kx_1^2=\frac{1}{2}mv_2^2+\frac{1}{2}kx_2^2$

$\frac{1}{2}\times$（サ 0.50 ）$\times$（シ 2.0 ）^{2}

$+\frac{1}{2}\times$（ス 200 ）$\times$（セ 0 ）^{2}

$=\frac{1}{2}\times$（ソ 0.50 ）$\times$（タ 0 ）^{2}

$+\frac{1}{2}\times$（チ 200 ）$\times x_2^2$

$x_2=0.10$ m

4 ばね定数 90 N/m のばねの一端を固定し，質量 0.40 kg の物体を速さ 3.0 m/s でばねに衝突させた。ばねの縮みは最大で何 m か。衝突する前のばねは自然長の状態である。

力学的エネルギー保存の法則より

$K_1+U_1=K_2+U_2$

$\frac{1}{2}mv_1^2+\frac{1}{2}kx_1^2=\frac{1}{2}mv_2^2+\frac{1}{2}kx_2^2$

$\frac{1}{2}\times0.40\times3.0^2+\frac{1}{2}\times90\times0^2$

$=\frac{1}{2}\times0.40\times0^2+\frac{1}{2}\times90\times x_2^2$

$x_2=0.20$ m

0.20 m

7 力学的エネルギー保存の法則③

例題 1 曲面上での運動

なめらかな曲面の高さ10 mのA点から質量2.0 kgの物体が静かに運動をはじめた。重力加速度の大きさを9.8 m/s^2，重力による位置エネルギーの基準面を高さ0 mのB点として，次の問いに答えよ。

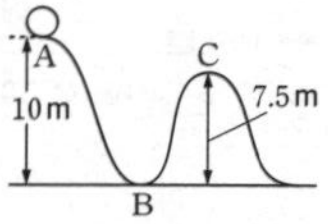

(1) B点での速さは何m/sか。

(2) 高さ7.5 mのC点での速さは何m/sか。

解法 曲面上の運動では，重力だけが仕事をするので，力学的エネルギーは保存される。

(1) 力学的エネルギー保存の法則より，A点とB点での力学的エネルギーは等しい。

$m=2.0$ kg，$v_A=0$ m/s，$g=9.8$ m/s^2，$h_A=10$ m，$h_B=0$ m より

$E_A=E_B$

$\frac{1}{2}mv_A{}^2+mgh_A=\frac{1}{2}mv_B{}^2+mgh_B$

$\frac{1}{2}\times2.0\times0^2+2.0\times9.8\times10$

$=\frac{1}{2}\times2.0\times v_B{}^2+2.0\times9.8\times0$

$v_B=14$ m/s　**答 14 m/s**

(2) 力学的エネルギー保存の法則より，A点とC点での力学的エネルギーは等しい。

$m=2.0$ kg，$v_A=0$ m/s，$g=9.8$ m/s^2，$h_A=10$ m，$h_C=7.5$ m より

$E_A=E_C$

$\frac{1}{2}mv_A{}^2+mgh_A=\frac{1}{2}mv_C{}^2+mgh_C$

$\frac{1}{2}\times2.0\times0^2+2.0\times9.8\times10$

$=\frac{1}{2}\times2.0\times v_C{}^2+2.0\times9.8\times7.5$

$v_C=7.0$ m/s　**答 7.0 m/s**

1 なめらかな曲面の高さ40 mのA点から質量2.0 kgの物体が静かに運動をはじめた。重力加速度の大きさを9.8 m/s^2，重力による位置エネルギーの基準面を高さ0 mのB点として，(　)内には数値を，〔　〕内には単位を入れよ。

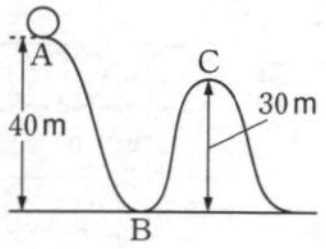

(1) B点での速さは何m/sか。

力学的エネルギーは保存されるので

$m=$(ア 2.0)〔イ kg〕

$g=$(ウ 9.8)〔エ m/s^2〕

$v_A=$(オ 0)〔カ m/s〕

$h_A=$(キ 40)〔ク m〕

$h_B=$(ケ 0)〔コ m〕より

$E_A=E_B$

$\frac{1}{2}mv_A{}^2+mgh_A=\frac{1}{2}mv_B{}^2+mgh_B$

$\frac{1}{2}\times$(サ 2.0)$\times$(シ 0)^2

+(ス 2.0)$\times$(セ 9.8)$\times$(ソ 40)

$=\frac{1}{2}\times$(タ 2.0)$\times v_B{}^2$

+(チ 2.0)$\times$(ツ 9.8)$\times$(テ 0)

$v_B=28$ m/s

(2) 高さ30 mのC点での速さは何m/sか。

力学的エネルギーは保存されるので

$m=$(ト 2.0)〔ナ kg〕

$g=$(ニ 9.8)〔ヌ m/s^2〕

$v_A=$(ネ 0)〔ノ m/s〕

$h_A=$(ハ 40)〔ヒ m〕

$h_C=$(フ 30)〔ヘ m〕より

$E_A=E_C$

$\frac{1}{2}mv_A{}^2+mgh_A=\frac{1}{2}mv_C{}^2+mgh_C$

$\frac{1}{2}\times$(ホ 2.0)$\times$(マ 0)^2

+(ミ 2.0)$\times$(ム 9.8)$\times$(メ 40)

$=\frac{1}{2}\times$(モ 2.0)$\times v_C{}^2$

+(ヤ 2.0)$\times$(ユ 9.8)$\times$(ヨ 30)

$v_C=14$ m/s

2 なめらかな曲面の高さ10 mのA点から質量1.0 kgの物体が静かに運動をはじめた。重力加速度の大きさを9.8 m/s^2，重力による位置エネルギーの基準面を高さ0 mのB点とする。

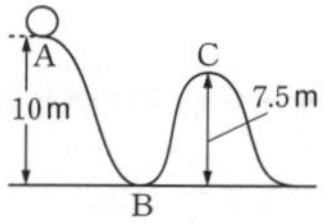

(1) B点での速さは何m/sか。

力学的エネルギーは保存されるので

$E_A=E_B$

$\frac{1}{2}mv_A{}^2+mgh_A=\frac{1}{2}mv_B{}^2+mgh_B$

$\frac{1}{2}\times1.0\times0^2+1.0\times9.8\times10$

$=\frac{1}{2}\times1.0\times v_B{}^2+1.0\times9.8\times0$

$v_B=14$ m/s

14 m/s

(2) 高さ7.5 mのC点での速さは何m/sか。

力学的エネルギーは保存されるので

$E_A=E_C$

$\frac{1}{2}mv_A{}^2+mgh_A=\frac{1}{2}mv_C{}^2+mgh_C$

$\frac{1}{2}\times1.0\times0^2+1.0\times9.8\times10$

$=\frac{1}{2}\times1.0\times v_C{}^2+1.0\times9.8\times7.5$

$v_C=7.0$ m/s

7.0 m/s

例題 2 摩擦のある面上での運動

なめらかな斜面の高さ10 mのA点から質量2.0 kgの物体を静かにはなしたところ，摩擦のある水平面上を9.8 m進んだB点で静止した。動摩擦力の大きさは何Nか。重力加速度の大きさを9.8 m/s^2，水平面を重力による位置エネルギーの基準面とする。

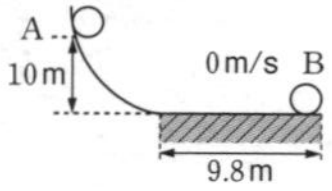

解法 物体が摩擦のある水平面上を運動するとき，動摩擦力のする仕事は$-fx$であり，力学的エネルギーは動摩擦力のした仕事の分だけ減少する。

$m=2.0$ kg，$v_A=0$ m/s，$g=9.8$ m/s^2，$h_A=10$ m，$v_B=0$ m/s，$h_B=0$ m，$x=9.8$ m より

$E_B-E_A=-fx$

$\left(\frac{1}{2}mv_B{}^2+mgh_B\right)-\left(\frac{1}{2}mv_A{}^2+mgh_A\right)=-fx$

$\left(\frac{1}{2}\times2.0\times0^2+2.0\times9.8\times0\right)$

$-\left(\frac{1}{2}\times2.0\times0^2+2.0\times9.8\times10\right)=-f\times9.8$

$f=20$ N　**答 20 N**

3 なめらかな斜面の高さ10 mのA点から質量2.0 kgの物体を静かにはなしたところ，摩擦のある水平面上を20 m進んだB点で静止した。動摩擦力の大きさは何Nか。重力加速度の大きさを9.8 m/s^2，水平面を重力による位置エネルギーの基準面とする。

力学的エネルギーは動摩擦力のした仕事の分だけ減少する。

$m=$(ア 2.0)〔イ kg〕

$v_A=$(ウ 0)〔エ m/s〕

$g=$(オ 9.8)〔カ m/s^2〕

$h_A=$(キ 10)〔ク m〕

$v_B=$(ケ 0)〔コ m/s〕

$h_B=$(サ 0)〔シ m〕

$x=$(ス 20)〔セ m〕より

$E_B-E_A=-fx$

$\left(\frac{1}{2}mv_B{}^2+mgh_B\right)-\left(\frac{1}{2}mv_A{}^2+mgh_A\right)=-fx$

$\Big(\frac{1}{2}\times$(ソ 2.0)$\times$(タ 0)^2

+(チ 2.0)$\times$(ツ 9.8)$\times$(テ 0)$\Big)$

$-\Big(\frac{1}{2}\times$(ト 2.0)$\times$(ナ 0)^2

+(ニ 2.0)$\times$(ヌ 9.8)$\times$(ネ 10)$\Big)$

$=-f\times$(ノ 20)

$f=9.8$ N

4 なめらかな斜面の高さ5.0 mのA点から質量2.0 kgの物体を静かにはなしたところ，摩擦のある水平面上を4.9 m進んだB点で静止した。動摩擦力の大きさは何Nか。重力加速度の大きさを9.8 m/s^2，水平面を重力による位置エネルギーの基準面とする。

力学的エネルギーは動摩擦力のした仕事の分だけ減少する。

$E_B-E_A=-fx$

$\left(\frac{1}{2}mv_B{}^2+mgh_B\right)-\left(\frac{1}{2}mv_A{}^2+mgh_A\right)=-fx$

$\left(\frac{1}{2}\times2.0\times0^2+2.0\times9.8\times0\right)$

$-\left(\frac{1}{2}\times2.0\times0^2+2.0\times9.8\times5.0\right)$

$=-f\times4.9$

$f=20$ N

20 N

8 熱と温度・熱容量と比熱

例題 1 セ氏温度と絶対温度

15 ℃は，絶対温度では何 K か。

解法 絶対温度 T〔K〕の値とセ氏温度 t〔℃〕の値の間には，次の関係がなりたつ。

$T=t+273$

$t=15$ ℃より

$T=t+273$

$=15+273$

$=288$ K

答 288 K

1 （　）内には数値を，〔　〕内には単位を入れよ。

(1) 100 ℃は，絶対温度で何 K か。

$t=$（ア 100）〔イ ℃〕より

$T=t+273$

$=$（ウ 100）$+273$

$=373$ K

(2) 300 K は，セ氏温度で何 ℃か。

$T=$（エ 300）〔オ K〕より

$T=t+273$

（カ 300）$=t+273$

$t=27$ ℃

(3) 10 ℃と 50 ℃の温度差は絶対温度で何 K か。

（キ 50）℃ −（ク 10）℃ $=40$ ℃

セ氏温度と絶対温度の目盛幅は等しいので，40 ℃の温度差は絶対温度で 40 K である。

2 次の問いに答えよ。

(1) 10 ℃は，絶対温度で何 K か。

$T=t+273$

$=10+273$

$=283$ K

283 K

(2) 0 K は，セ氏温度で何 ℃か。

$T=t+273$

$0=t+273$

$t=-273$ ℃

−273 ℃

(3) 20 ℃と 90 ℃の温度差は絶対温度で何 K か。

90 ℃ − 20 ℃ = 70 ℃

セ氏温度と絶対温度の目盛幅は等しいので，70 ℃の温度差は絶対温度で 70 K である。

70 K

例題 2 熱容量

熱容量が 30 J/K の物体の温度を 2.0 K 上昇させるために必要な熱量は何 J か。

解法 熱容量 C〔J/K〕の物体の温度を ΔT〔K〕変化させるのに必要な熱量 Q〔J〕は

$Q=C\Delta T$

となる。$C=30$ J/K，$\Delta T=2.0$ K より

$Q=C\Delta T$

$=30$ J/K $\times 2.0$ K

$=60$ J

答 60 J

3 （　）内には数値を，〔　〕内には単位を入れよ。

(1) 熱容量が 20 J/K の物体の温度を 1.5 K 上昇させるために必要な熱量は何 J か。

$C=$（ア 20）〔イ J/K〕

$\Delta T=$（ウ 1.5）〔エ K〕より

$Q=C\Delta T$

$=$（オ 20）J/K $\times$（カ 1.5）K

$=30$ J

(2) 熱容量が 10 J/K の物体に 50 J の熱量を与えたときの，温度上昇は何 K か。

$Q=$（キ 50）〔ク J〕

$C=$（ケ 10）〔コ J/K〕より

$Q=C\Delta T$

（サ 50）J $=$（シ 10）J/K $\times \Delta T$

$\Delta T=5.0$ K

4 次の問いに答えよ。

(1) 熱容量が 25 J/K の物体の温度を 2.0 K 上昇させるために必要な熱量は何 J か。

$Q=C\Delta T$

$=25$ J/K $\times 2.0$ K

$=50$ J

50 J

(2) 熱容量が 30 J/K の物体に 90 J の熱量を与えたときの，温度上昇は何 K か。

$Q=C\Delta T$

90 J $=30$ J/K $\times \Delta T$

$\Delta T=3.0$ K

3.0 K

例題 3 比熱

比熱が 2.0 J/(g·K) の物質 20 g の温度を 1.0 K 上昇させるために必要な熱量は何 J か。

解法 比熱 c〔J/(g·K)〕の物質 m〔g〕の温度を ΔT〔K〕変化させるのに必要な熱量 Q〔J〕は

$Q=mc\Delta T$

となる。$m=20$ g，$c=2.0$ J/(g·K)，$\Delta T=1.0$ K より

$Q=mc\Delta T$

$=20$ g $\times 2.0$ J/(g·K) $\times 1.0$ K

$=40$ J

答 40 J

5 （　）内には数値を，〔　〕内には単位を入れよ。

(1) 比熱が 0.90 J/(g·K) のアルミニウム 10 g の温度を 5.0 K 上昇させるために必要な熱量は何 J か。

$m=$（ア 10）〔イ g〕

$c=$（ウ 0.90）〔エ J/(g·K)〕

$\Delta T=$（オ 5.0）〔カ K〕より

$Q=mc\Delta T$

$=$（キ 10）g $\times$（ク 0.90）J/(g·K) $\times$（ケ 5.0）K

$=45$ J

(2) 比熱が 0.45 J/(g·K) の鉄 20 g に 90 J の熱量を与えたときの，温度上昇は何 K か。

$Q=$（コ 90）〔サ J〕

$m=$（シ 20）〔ス g〕

$c=$（セ 0.45）〔ソ J/(g·K)〕より

$Q=mc\Delta T$

（タ 90）J $=$（チ 20）g $\times$（ツ 0.45）J/(g·K) $\times \Delta T$

$\Delta T=10$ K

6 次の問いに答えよ。

(1) 比熱が 0.30 J/(g·K) の物質 20 g の温度を 8.0 K 上昇させるために必要な熱量は何 J か。

$Q=mc\Delta T$

$=20$ g $\times 0.30$ J/(g·K) $\times 8.0$ K

$=48$ J

48 J

(2) 比熱が 1.5 J/(g·K) の物質 10 g に 60 J の熱量を与えたときの，温度上昇は何 K か。

$Q=mc\Delta T$

60 J $=10$ g $\times 1.5$ J/(g·K) $\times \Delta T$

$\Delta T=4.0$ K

4.0 K

例題 4 熱容量と比熱

比熱が 4.2 J/(g·K) の水が 20 g ある。この水の熱容量は何 J/K か。

解法 比熱 c〔J/(g·K)〕の物質からなる質量 m〔g〕の物体の熱容量 C〔J/K〕は

$C=mc$

となる。$m=20$ g，$c=4.2$ J/(g·K) より

$C=mc$

$=20$ g $\times 4.2$ J/(g·K)

$=84$ J/K

答 84 J/K

7 （　）内には数値を，〔　〕内には単位を入れよ。

(1) 比熱が 4.2 J/(g·K) の水が 15 g ある。この水の熱容量は何 J/K か。

$m=$（ア 15）〔イ g〕

$c=$（ウ 4.2）〔エ J/(g·K)〕より

$C=mc$

$=$（オ 15）g $\times$（カ 4.2）J/(g·K)

$=63$ J/K

(2) 比熱が 0.39 J/(g·K) の銅が 100 g ある。この銅の熱容量は何 J/K か。

$m=$（キ 100）〔ク g〕

$c=$（ケ 0.39）〔コ J/(g·K)〕より

$C=mc$

$=$（サ 100）g $\times$（シ 0.39）J/(g·K)

$=39$ J/K

8 次の問いに答えよ。

(1) 比熱が 4.2 J/(g·K) の水が 10 g ある。この水の熱容量は何 J/K か。

$C=mc$

$=10$ g $\times 4.2$ J/(g·K)

$=42$ J/K

42 J/K

(2) 比熱が 0.90 J/(g·K) のアルミニウムが 50 g ある。このアルミニウムの熱容量は何 J/K か。

$C=mc$

$=50$ g $\times 0.90$ J/(g·K)

$=45$ J/K

45 J/K

T〔K〕には絶対温度の値を，t〔℃〕にはセ氏温度の値を代入する。

Q〔J〕：熱量　C〔J/K〕：熱容量　c〔J/(g·K)〕：比熱　m〔g〕：質量　ΔT〔K〕：温度変化

9 熱量の保存①

例題 1 水と湯の混合①

60 ℃の湯 60 g の中に，20 ℃の水 40 g を入れてかき混ぜると，全体の温度は何 ℃になるか。ただし，水の比熱は 4.2 J/(g·K) であり，熱は水と湯の間のみで移動するものとする。

解法 高温の物体が放出した熱量と低温の物体が受け取った熱量が等しいことを，熱量の保存という。
かき混ぜたあとの温度を t〔℃〕とする。
湯が放出した熱量を Q_1〔J〕として，
$m_1=60$ g，$c_1=4.2$ J/(g·K)，$t_1=60$ ℃
を $Q_1=m_1c_1(t_1-t)$ に代入する。
水が受け取った熱量を Q_2〔J〕として，
$m_2=40$ g，$c_2=4.2$ J/(g·K)，$t_2=20$ ℃
を $Q_2=m_2c_2(t-t_2)$ に代入する。
熱量の保存より
$Q_1=Q_2$
$m_1c_1(t_1-t)=m_2c_2(t-t_2)$
$60\times4.2\times(60-t)=40\times4.2\times(t-20)$
$t=44$ ℃

答 44 ℃

1 90 ℃の湯 60 g の中に，20 ℃の水 10 g を入れてかき混ぜると，全体の温度は何 ℃になるか。水の比熱は 4.2 J/(g·K) であり，熱は水と湯の間のみで移動するものとして，（　）内には数値を，〔　〕内には単位を入れよ。
湯が放出した熱量 Q_1〔J〕について
$m_1=$（ア 60）〔イ g〕
$c_1=$（ウ 4.2）〔エ J/(g·K)〕
$t_1=$（オ 90）〔カ ℃〕を，
水が受け取った熱量 Q_2〔J〕について
$m_2=$（キ 10）〔ク g〕
$c_2=$（ケ 4.2）〔コ J/(g·K)〕
$t_2=$（サ 20）〔シ ℃〕を代入する。
かき混ぜたあとの温度を t〔℃〕として，熱量の保存より
$Q_1=Q_2$
$m_1c_1(t_1-t)=m_2c_2(t-t_2)$
（ス 60）×（セ 4.2）×((ソ 90）$-t$)
=（タ 10）×（チ 4.2）×($t-$（ツ 20））
$t=80$ ℃

2 水の比熱は 4.2 J/(g·K) であり，熱は水と湯の間のみで移動するものとして，次の問いに答えよ。

(1) 80 ℃の湯 20 g の中に，20 ℃の水 30 g を入れてかき混ぜると，全体の温度は何 ℃になるか。
熱量の保存より
$Q_1=Q_2$
$m_1c_1(t_1-t)=m_2c_2(t-t_2)$
$20\times4.2\times(80-t)=30\times4.2\times(t-20)$
$t=44$ ℃

44 ℃

(2) 90 ℃の湯 35 g の中に，15 ℃の水 40 g を入れてかき混ぜると，全体の温度は何 ℃になるか。
熱量の保存より
$Q_1=Q_2$
$m_1c_1(t_1-t)=m_2c_2(t-t_2)$
$35\times4.2\times(90-t)=40\times4.2\times(t-15)$
$t=50$ ℃

50 ℃

(3) 92 ℃の湯 35 g の中に，20 ℃の水 55 g を入れてかき混ぜると，全体の温度は何 ℃になるか。
熱量の保存より
$Q_1=Q_2$
$m_1c_1(t_1-t)=m_2c_2(t-t_2)$
$35\times4.2\times(92-t)=55\times4.2\times(t-20)$
$t=48$ ℃

48 ℃

(4) 95 ℃の湯 80 g の中に，14 ℃の水 10 g を入れてかき混ぜると，全体の温度は何 ℃になるか。
熱量の保存より
$Q_1=Q_2$
$m_1c_1(t_1-t)=m_2c_2(t-t_2)$
$80\times4.2\times(95-t)=10\times4.2\times(t-14)$
$t=86$ ℃

86 ℃

例題 2 水と湯の混合②

100 ℃の湯 50 g の中に，20 ℃の水を入れてかき混ぜたところ，70 ℃になった。水の質量は何 g か。ただし，水の比熱は 4.2 J/(g·K) であり，熱は水と湯の間のみで移動するものとする。

解法 水の質量を m_2〔g〕とする。
湯が放出した熱量を Q_1〔J〕として，
$m_1=50$ g，$c_1=4.2$ J/(g·K)，
$t_1=100$ ℃，$t=70$ ℃
を $Q_1=m_1c_1(t_1-t)$ に代入する。
水が受け取った熱量を Q_2〔J〕として，
$c_2=4.2$ J/(g·K)，$t_2=20$ ℃，$t=70$ ℃
を $Q_2=m_2c_2(t-t_2)$ に代入する。
熱量の保存より
$Q_1=Q_2$
$m_1c_1(t_1-t)=m_2c_2(t-t_2)$
$50\times4.2\times(100-70)=m_2\times4.2\times(70-20)$
$m_2=30$ g

答 30 g

3 70 ℃の湯 160 g の中に，10 ℃の水を入れてかき混ぜたところ，50 ℃になった。水の質量は何 g か。水の比熱は 4.2 J/(g·K) であり，熱は水と湯の間のみで移動するものとして，（　）内には数値を，〔　〕内には単位を入れよ。
湯が放出した熱量 Q_1〔J〕について
$m_1=$（ア 160）〔イ g〕
$c_1=$（ウ 4.2）〔エ J/(g·K)〕
$t_1=$（オ 70）〔カ ℃〕
$t=$（キ 50）〔ク ℃〕を，
水が受け取った熱量 Q_2〔J〕について
$c_2=$（ケ 4.2）〔コ J/(g·K)〕
$t_2=$（サ 10）〔シ ℃〕
$t=$（ス 50）〔セ ℃〕を代入する。
水の質量を m_2〔g〕として，熱量の保存より，
$Q_1=Q_2$
$m_1c_1(t_1-t)=m_2c_2(t-t_2)$
（ソ 160）×（タ 4.2）×((チ 70）−（ツ 50））
$=m_2\times$（テ 4.2）×((ト 50）−（ナ 10））
$m_2=80$ g

4 水の比熱は 4.2 J/(g·K) であり，熱は水と湯の間のみで移動するものとして，次の問いに答えよ。

(1) 80 ℃の湯 60 g の中に，20 ℃の水を入れてかき混ぜたところ，50 ℃になった。水の質量は何 g か。
熱量の保存より，
$Q_1=Q_2$
$m_1c_1(t_1-t)=m_2c_2(t-t_2)$
$60\times4.2\times(80-50)=m_2\times4.2\times(50-20)$
$m_2=60$ g

60 g

(2) 90 ℃の湯 70 g の中に，30 ℃の水を入れてかき混ぜたところ，65 ℃になった。水の質量は何 g か。
熱量の保存より，
$Q_1=Q_2$
$m_1c_1(t_1-t)=m_2c_2(t-t_2)$
$70\times4.2\times(90-65)=m_2\times4.2\times(65-30)$
$m_2=50$ g

50 g

(3) 70 ℃の湯 100 g の中に，20 ℃の水を入れてかき混ぜたところ，60 ℃になった。水の質量は何 g か。
熱量の保存より，
$Q_1=Q_2$
$m_1c_1(t_1-t)=m_2c_2(t-t_2)$
$100\times4.2\times(70-60)=m_2\times4.2\times(60-20)$
$m_2=25$ g

25 g

(4) 85 ℃の湯 75 g の中に，25 ℃の水を入れてかき混ぜたところ，70 ℃になった。水の質量は何 g か。
熱量の保存より，
$Q_1=Q_2$
$m_1c_1(t_1-t)=m_2c_2(t-t_2)$
$75\times4.2\times(85-70)=m_2\times4.2\times(70-25)$
$m_2=25$ g

25 g

高温物体が放出した熱量と低温物体が受け取った熱量が等しいことを，熱量の保存という。

熱量の保存がなりたつのは，熱が外部へ逃げない場合である。

10 熱量の保存②

例題 1 金属の比熱測定①

20℃の水 200 g の中に，100℃に熱した 150 g の金属球を入れてかき混ぜると，水温は 26℃になった。金属球の比熱は何 J/(g·K)か。水の比熱は 4.2 J/(g·K)であり，熱は水と金属球の間のみで移動するものとする。

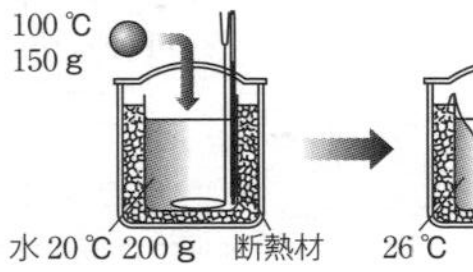

解法 熱量の保存より，熱した金属球が放出した熱量と水が受け取った熱量は等しい。
金属球の比熱を c_1〔J/(g·K)〕とする。
かき混ぜたあとの金属球の温度は水温と等しくなっていると考えると，金属球が放出した熱量を Q_1〔J〕として，

$m_1=150$ g
$t_1=100$ ℃
$t=26$ ℃

を $Q_1=m_1c_1(t_1-t)$ に代入する。
水が受け取った熱量を Q_2〔J〕として，

$m_2=200$ g
$c_2=4.2$ J/(g·K)
$t_2=20$ ℃
$t=26$ ℃

を $Q_2=m_2c_2(t-t_2)$ に代入する。
熱量の保存より

$Q_1=Q_2$
$m_1c_1(t_1-t)=m_2c_2(t-t_2)$
$150\times c_1\times(100-26)=200\times4.2\times(26-20)$
$c_1=0.45$ J/(g·K)　**答 0.45 J/(g·K)**

1 15℃の水 200 g の中に，100℃に熱した 200 g の金属球を入れてかき混ぜると，水温は 30℃になった。金属球の比熱は何 J/(g·K)か。水の比熱は 4.2 J/(g·K)であり，熱は水と金属球の間のみで移動するものとして，(　)内には数値を，〔　〕内には単位を入れよ。

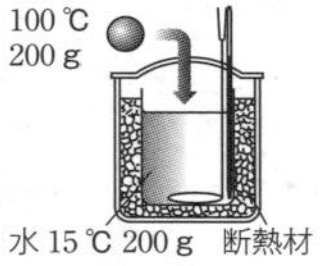

金属球が放出した熱量 Q_1〔J〕について
$m_1=$(ア 200)〔イ g〕
$t_1=$(ウ 100)〔エ ℃〕
$t=$(オ 30)〔カ ℃〕を，
水が受け取った熱量 Q_2〔J〕について
$m_2=$(キ 200)〔ク g〕
$c_2=$(ケ 4.2)〔コ J/(g·K)〕
$t_2=$(サ 15)〔シ ℃〕
$t=$(ス 30)〔セ ℃〕を代入する。
金属球の比熱を c_1〔J/(g·K)〕として，熱量の保存より，
$Q_1=Q_2$
$m_1c_1(t_1-t)=m_2c_2(t-t_2)$
(ソ 200)×c_1×((タ 100)−(チ 30))
=(ツ 200)×(テ 4.2)×((ト 30)−(ナ 15))
$c_1=0.90$ J/(g·K)

2 水の比熱は 4.2 J/(g·K)であり，熱は水と金属球の間のみで移動するものとして，次の問いに答えよ。

(1) 20℃の水 300 g の中に，100℃に熱した 200 g の金属球を入れてかき混ぜると，水温は 30℃になった。金属球の比熱は何 J/(g·K)か。

熱量の保存より，
$Q_1=Q_2$
$m_1c_1(t_1-t)=m_2c_2(t-t_2)$
$200\times c_1\times(100-30)=300\times4.2\times(30-20)$
$c_1=0.90$ J/(g·K)

0.90 J/(g·K)

(2) 20℃の水 240 g の中に，100℃に熱した 180 g の金属球を入れてかき混ぜると，水温は 26℃になった。金属球の比熱は何 J/(g·K)か。

熱量の保存より，
$Q_1=Q_2$
$m_1c_1(t_1-t)=m_2c_2(t-t_2)$
$180\times c_1\times(100-26)=240\times4.2\times(26-20)$
$c_1=0.45$ J/(g·K)

0.45 J/(g·K)

例題 2 金属の比熱測定②

質量 100 g の銅製容器に水 100 g を入れると水温は 22℃になった。この水の中に，100℃に熱した 35 g の金属球を入れてかき混ぜると，水温は 27℃になった。金属球の比熱は何 J/(g·K)か。水の比熱は 4.2 J/(g·K)，銅の比熱は 0.39 J/(g·K)であり，熱は水と銅製容器と金属球の間のみで移動するものとする。

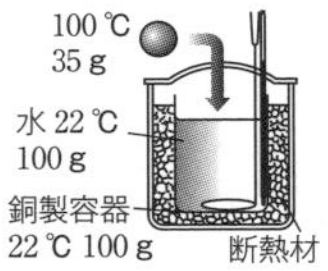

解法 熱量の保存より，熱した金属球が放出した熱量と，水と銅製容器が受け取った熱量の和は等しい。
金属球の比熱を c_1〔J/(g·K)〕とする。
金属球が放出した熱量を Q_1〔J〕として，

$m_1=35$ g
$t_1=100$ ℃
$t=27$ ℃

を $Q_1=m_1c_1(t_1-t)$ に代入する。
水が受け取った熱量を Q_2〔J〕として，

$m_2=100$ g
$c_2=4.2$ J/(g·K)
$t_2=22$ ℃
$t=27$ ℃

を $Q_2=m_2c_2(t-t_2)$ に代入する。
銅製容器が受け取った熱量を Q_3〔J〕として，

$m_3=100$ g
$c_3=0.39$ J/(g·K)
$t_3=22$ ℃
$t=27$ ℃

を $Q_3=m_3c_3(t-t_3)$ に代入する。
熱量の保存より

$Q_1=Q_2+Q_3$
$m_1c_1(t_1-t)=m_2c_2(t-t_2)+m_3c_3(t-t_3)$
$35\times c_1\times(100-27)$
$=100\times4.2\times(27-22)+100\times0.39\times(27-22)$
$c_1=0.90$ J/(g·K)　**答 0.90 J/(g·K)**

3 質量 100 g の銅製容器に水 200 g を入れると水温は 20℃になった。この水の中に，100℃に熱した 50 g の金属球を入れてかき混ぜると，水温は 22℃になった。金属球の比熱は何 J/(g·K)か。水の比熱は 4.2 J/(g·K)，銅の比熱は 0.39 J/(g·K)であり，熱は水と銅製容器と金属球の間のみで移動するものとして，(　)内には数値を，〔　〕内には単位を入れよ。

金属球が放出した熱量 Q_1〔J〕について
$m_1=$(ア 50)〔イ g〕
$t_1=$(ウ 100)〔エ ℃〕
$t=$(オ 22)〔カ ℃〕を，
水が受け取った熱量 Q_2〔J〕について
$m_2=$(キ 200)〔ク g〕
$c_2=$(ケ 4.2)〔コ J/(g·K)〕
$t_2=$(サ 20)〔シ ℃〕
$t=$(ス 22)〔セ ℃〕を，
銅製容器が受け取った熱量 Q_3〔J〕について
$m_3=$(ソ 100)〔タ g〕
$c_3=$(チ 0.39)〔ツ J/(g·K)〕
$t_3=$(テ 20)〔ト ℃〕
$t=$(ナ 22)〔ニ ℃〕を代入する。
金属球の比熱を c_1〔J/(g·K)〕として，熱量の保存より，
$Q_1=Q_2+Q_3$
$m_1c_1(t_1-t)=m_2c_2(t-t_2)+m_3c_3(t-t_3)$
(ヌ 50)×c_1×((ネ 100)−(ノ 22))
=(ハ 200)×(ヒ 4.2)×((フ 22)−(ヘ 20))
+(ホ 100)×(マ 0.39)×((ミ 22)−(ム 20))
$c_1=0.45$ J/(g·K)

4 100 g の銅製容器に水 100 g を入れると水温は 20℃になった。この水の中に，100℃に熱した 100 g の金属球を入れてかき混ぜると，水温は 33℃になった。金属球の比熱は何 J/(g·K)か。水の比熱は 4.2 J/(g·K)，銅の比熱は 0.39 J/(g·K)であり，熱は水と銅製容器と金属球の間のみで移動するものとする。

熱量の保存より，
$Q_1=Q_2+Q_3$
$m_1c_1(t_1-t)=m_2c_2(t-t_2)+m_3c_3(t-t_3)$
$100\times c_1\times(100-33)$
$=100\times4.2\times(33-20)+100\times0.39\times(33-20)$
$c_1=0.89$ J/(g·K)

高温の物体が放出した熱量と低温の物体が受け取った熱量は等しい。

0.89 J/(g·K)

11 熱と仕事

例題 1 熱力学第一法則

容器に気体が入っている。この気体が30 J の熱を受け取り，同時に20 J の仕事をされた。気体の内部エネルギーの変化は何 J か。

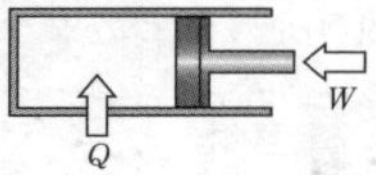

解法 気体が受け取った熱を Q〔J〕，気体がされた仕事を W〔J〕とすると，熱力学第一法則より，気体の内部エネルギーの変化 ΔU〔J〕は

$$\Delta U=Q+W$$

となる。気体が熱を受け取った場合は $Q>0$，熱を放出した場合は $Q<0$ となる。同様に，気体が仕事をされた場合は $W>0$，仕事をした場合は $W<0$ となる。
気体は熱を受け取ったので $Q=30$ J，仕事をされたので $W=20$ J をそれぞれ代入して

$\Delta U=Q+W$
$=30\text{ J}+20\text{ J}$
$=50\text{ J}$

答 **50 J**

1 (　　)内には数値を，〔　　〕内には単位を入れよ。

(1) 気体が10 J の熱を受け取り，同時に15 J の仕事をされたとき，気体の内部エネルギーの変化は何 J か。
熱は受け取ったので Q=(ア 10)〔イ J 〕，仕事はされたので W=(ウ 15)〔エ J 〕をそれぞれ代入する。
熱力学第一法則より
$\Delta U=Q+W$
=(オ 10)J+(カ 15)J
=25 J

(2) 気体が60 J の熱を受け取り，同時に外部へ24 J の仕事をしたとき，気体の内部エネルギーの変化は何 J か。
熱は受け取ったので Q=(キ 60)〔ク J 〕，仕事はしたので W=(ケ −24)〔コ J 〕を，正負の符号を含めてそれぞれ代入する。
熱力学第一法則より
$\Delta U=Q+W$
=(サ 60)J+(シ (−24))J
=36 J

(3) 気体が50 J の熱を受け取り，同時に仕事をされたところ，気体の内部エネルギーは70 J 増加した。気体がされた仕事は何 J か。
熱は受け取ったので Q=(ス 50)〔セ J 〕，内部エネルギーは増加したので ΔU=(ソ 70)〔タ J 〕をそれぞれ代入する。
熱力学第一法則より
$\Delta U=Q+W$
(チ 70)J=(ツ 50)J+W
$W=20$ J

2 容器に気体が入っている。この気体にヒーターで熱を加えたり，ピストンを動かして仕事をしたりする。

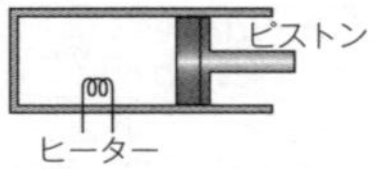

(1) 気体が40 J の熱を受け取り，同時に10 J の仕事をされたとき，気体の内部エネルギーの変化は何 J か。
熱力学第一法則より
$\Delta U=Q+W$
$=40\text{ J}+10\text{ J}$
$=50\text{ J}$

50 J

(2) 気体が50 J の熱を受け取り，同時に外部へ20 J の仕事をしたとき，気体の内部エネルギーの変化は何 J か。
気体は外部へ仕事をしたので $W=-20$ J を代入する。
熱力学第一法則より
$\Delta U=Q+W$
$=50\text{ J}+(-20\text{ J})$
$=30\text{ J}$

30 J

(3) 気体が50 J の熱を受け取り，同時に仕事をされたところ，気体の内部エネルギーは80 J 増加した。気体がされた仕事は何 J か。
熱力学第一法則より
$\Delta U=Q+W$
$80\text{ J}=50\text{ J}+W$
$W=30$ J

30 J

例題 2 熱機関の熱効率①

熱機関が200 J の熱を受け取り，40 J の仕事をした。熱効率はいくらか。

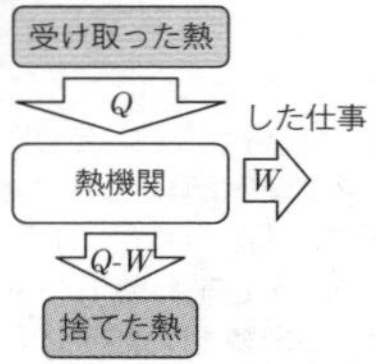

解法 熱機関が受け取った熱を Q〔J〕，熱機関がした仕事を W〔J〕とすると，熱機関の熱効率 e は

$$e=\frac{W}{Q}$$

となる。$Q=200$ J，$W=40$ J より

$e=\frac{40\text{ J}}{200\text{ J}}$
$=0.20$

答 **0.20**

3 熱機関が500 J の熱を受け取り，75 J の仕事をした。熱効率はいくらか。(　　)内には数値を，〔　　〕内には単位を入れよ。
Q=(ア 500)〔イ J 〕
W=(ウ 75)〔エ J 〕より
$e=\frac{W}{Q}=\frac{(\text{オ } 75)\text{J}}{(\text{カ } 500)\text{J}}$
=0.15

4 次の問いに答えよ。

(1) 熱機関が300 J の熱を受け取り，60 J の仕事をした。熱効率はいくらか。
$e=\frac{W}{Q}=\frac{60\text{ J}}{300\text{ J}}$
$=0.20$

0.20

(2) 熱機関が400 J の熱を受け取り，40 J の仕事をした。熱効率はいくらか。
$e=\frac{W}{Q}=\frac{40\text{ J}}{400\text{ J}}$
$=0.10$

0.10

例題 3 熱機関の熱効率②

熱効率が0.20の熱機関に10 J の仕事をさせるためには，何 J の熱を与える必要があるか。

解法 $e=0.20$，$W=10$ J を代入して

$e=\frac{W}{Q}$

$0.20=\frac{10\text{ J}}{Q}$

$Q=\frac{10\text{ J}}{0.20}=50\text{ J}$

答 **50 J**

5 (　　)内には数値を，〔　　〕内には単位を入れよ。

(1) 熱効率が0.30の熱機関に12 J の仕事をさせるためには，何 J の熱を与える必要があるか。
e=(ア 0.30)
W=(イ 12)〔ウ J 〕より
$e=\frac{W}{Q}$
(エ 0.30)$=\frac{(\text{オ } 12)\text{J}}{Q}$
$Q=40$ J

(2) 熱効率が0.20の熱機関に18 J の仕事をさせるためには，何 J の熱を与える必要があるか。
e=(カ 0.20)
W=(キ 18)〔ク J 〕より
$e=\frac{W}{Q}$
(ケ 0.20)$=\frac{(\text{コ } 18)\text{J}}{Q}$
$Q=90$ J

6 次の問いに答えよ。

(1) 熱効率が0.25の熱機関に20 J の仕事をさせるためには，何 J の熱を与える必要があるか。
$e=\frac{W}{Q}$
$0.25=\frac{20\text{ J}}{Q}$
$Q=80$ J

80 J

(2) 熱効率が0.20の熱機関に15 J の仕事をさせるためには，何 J の熱を与える必要があるか。
$e=\frac{W}{Q}$
$0.20=\frac{15\text{ J}}{Q}$
$Q=75$ J

75 J

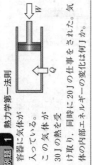